손뜨개 인형들이 만들어가는 스토리텔링

인형 손뜨개

석은경 지음

머리말

　무엇인가를 만든다는 것은 참으로 신 나는 일입니다. 종이를 오리고 붙이는 종이 공예도, 고운 빛깔로 물들이는 염색도, 예쁜 천들을 붙여 잇는 퀼팅도, 새로운 디자인의 옷을 만드는 것도, 바늘과 실로 한 코 한 코 사랑을 뜨는 손뜨개 역시 신 나는 작업들입니다.

　평면적이던 것들을 입체적으로 만드는 작업, 한 가닥 선이던 실을 한 코씩 떠서 면을 만들고 한 땀 한 땀 바느질하여 입체화하는 과정은 정말로 가슴 설레게 행복한 시간입니다. 지금 이렇게 손뜨개 인형을 다시 만들면서 어릴 적에 인형 옷을 만들며 보냈던 행복한 순간들을 추억해 봅니다.

　언제나 행복한 시간을 보낼 수 있도록 많은 이해와 지원을 아끼지 않는 남편과 믿음직한 두 아들 현탁, 태욱에게 고마움을 전하며, 늘 사랑과 따뜻한 관심 주시는 모든 분들께 깊이 감사드립니다. 더불어 바늘과 실의 매력에 푹 빠져 행복을 엮어 내는 많은 분들과 이 책을 함께 하고 싶습니다.

　마지막으로 책이 나오기까지 많은 도움을 주신 도서출판 예신 임직원 여러분께 감사의 마음을 전합니다.

석은경

1장
손뜨개
인형 만들기
기초편

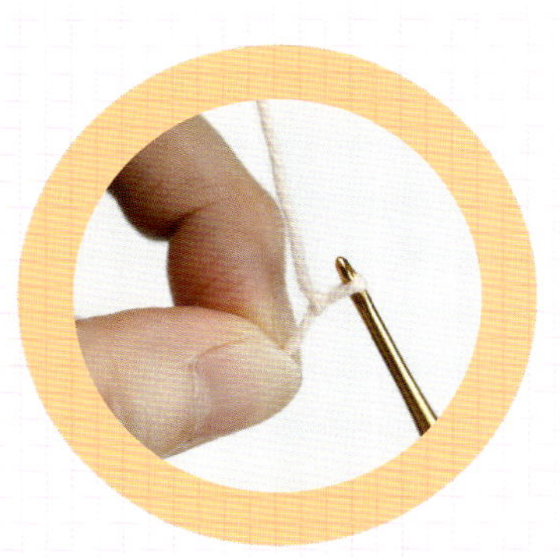

1장
손뜨개
인형 만들기
기초편

기본 도구와 재료

코바늘과 돗바늘

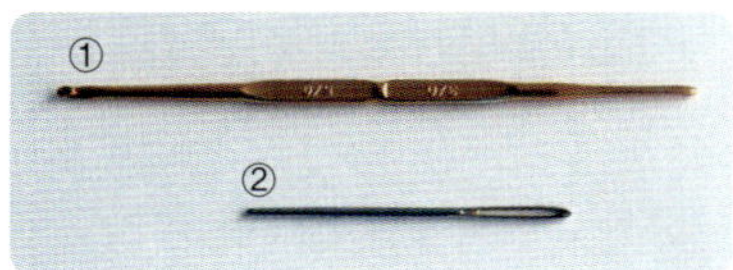

① 코바늘

사용하는 실에 따라 모사용 코바늘과 레이스용 코바늘로 나뉘는데, 인형을 뜰 때는 주로 모사용 코바늘을 사용한다. 코바늘은 호수가 클수록 바늘의 굵기가 굵어져, 호수가 큰 바늘로 뜨면 코 역시 굵어진다. 실의 두께에 맞는 바늘을 사용하는 것이 좋지만 손놀림은 사람마다 개인차가 있으므로 코를 빡빡하게 뜨는 사람은 실보다 약간 굵은 바늘을, 느슨하게 뜨는 사람은 가는 바늘을 선택하는 것이 좋다.

② 돗바늘

수를 놓을 때 사용하는 가는 돗바늘과 털실용 굵은 돗바늘이 있는데, 인형을 뜰 때는 털실용 돗바늘을 많이 사용한다. 인형의 머리카락이나 귀, 코 등 각 부분을 연결할 때나 마무리용으로 사용한다.

실

실에는 다양한 종류가 있으며, 어떤 실을 사용하느냐에 따라 같은 작품을 떠도 완성된 느낌이 많이 다르다. 인형을 뜰 때는 자연스러운 느낌이 나는 모사를 많이 사용한다.

몰(mogol)

흔히 모루라고도 하는 몰은 모사, 금사, 은사 따위를 재료로 돋을무늬를 넣어 짠 직물을 일컫는 포르투갈어이다. 털실과 비슷한데 안에 와이어가 들어 있어 자유자재로 변형되므로 인형의 팔이나 다리를 구부릴 수 있도록 할 때 사용한다.

공예용 와이어(wire)

비즈 공예, 와이어 공예 등에 사용하는 와이어는 부드럽게 구부러지고 펴지는 성질이 있어 모양을 내기가 쉽다. 안경 등 인형을 장식하는 소품을 만들 때 사용한다.

솜

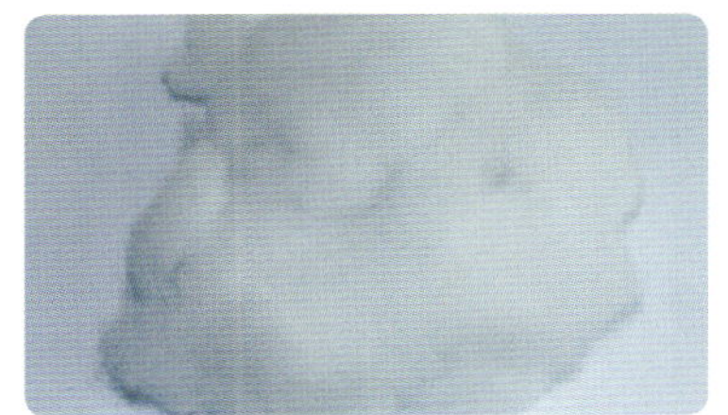

솜은 인형 속에 채워 넣어 볼륨을 표현할 때 사용한다. 솜에는 다양한 종류가 있는데 인형을 만들 때는 베개용 솜으로 많이 사용하는 구름솜이 적당하다.

단추

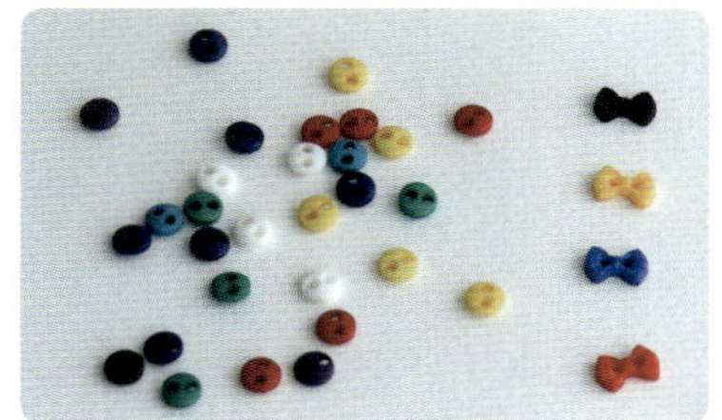

장식 등 모양을 내는 데 다양한 종류의 색과 크기의 단추를 사용한다.

기타 부재료

① 콩단추

인형 눈을 표현하는 데는 흔히 콩단추라고도 하는 반원형에 다리가 달린 단추가 좋으며, 일반 바늘과 실을 이용하여 달아 준다.

② 큐빅

귀고리, 왕관 등 액세서리를 표현할 때 사용한다.

③ 밍크 방울

모자 끝 등 밋밋한 뜨개에 달아 포인트를 주는 데 사용한다.

이 책에 나오는 손뜨개 인형을 만드는 데 사용한
필수 뜨개법

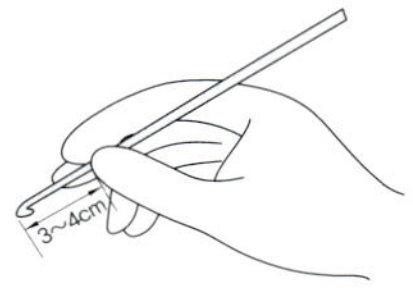

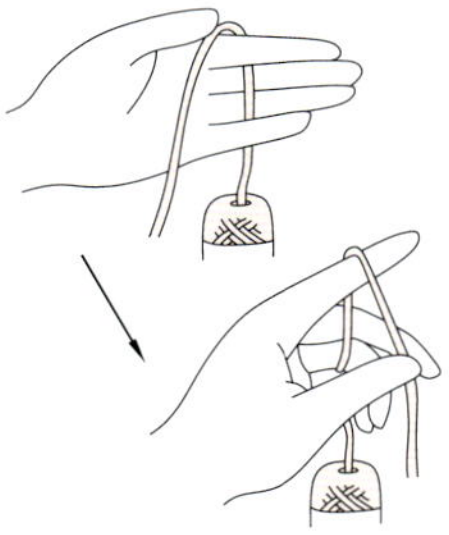

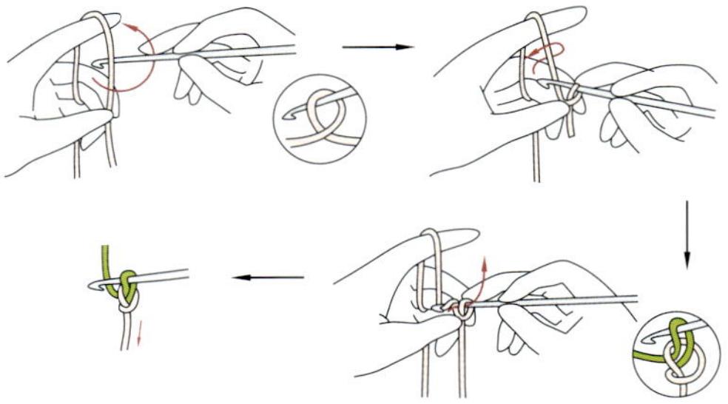

바늘 잡기
바늘코가 아래를 향하게 하고 코 끝에서 3~4cm 부분을 엄지손가락과 집게손가락으로 잡는다.

실 잡기
손가락 사이에 실을 끼워 새끼손가락에 한 번 감은 후 엄지손가락과 가운뎃손가락 끝으로 실을 잡아 고정하고 집게손가락으로 실을 조절한다.

시작코 만들기
바늘을 화살표 방향으로 돌려 실을 동그랗게 감은 후 바늘코에 실을 걸어서 고리 사이로 끌어내 잡아당겨 실을 조인다.

사슬뜨기 ○

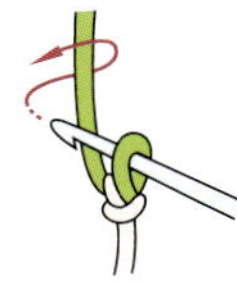 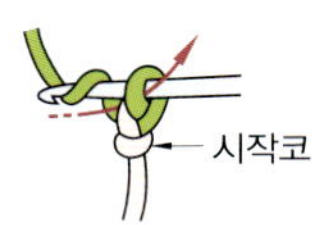 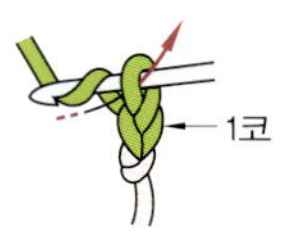 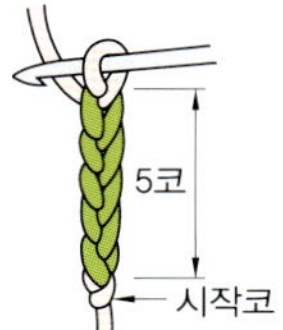 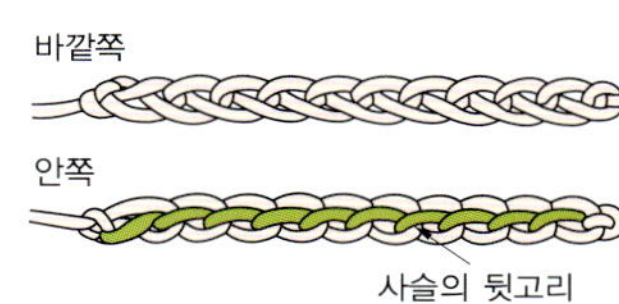

❶ 시작코를 만들고 화살표 방향으로 바늘에 실을 감는다.

❷ 고리의 중심으로 실을 꺼낸다.

❸ 실을 걸어서 2코를 뜬다.

❹ 시작코는 1코로 세지 않는다.

❺ 사슬뜨기코의 바깥쪽과 안쪽 모양이다. 사슬뜨기코 만들기에서 코를 주울 때는 보통 사슬의 뒷고리에서 1개씩 줍는다.

짧은뜨기 ＋

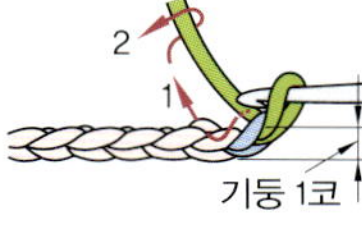 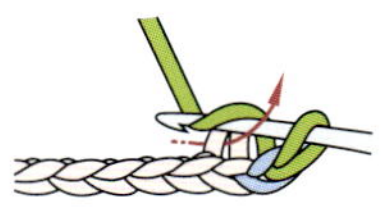 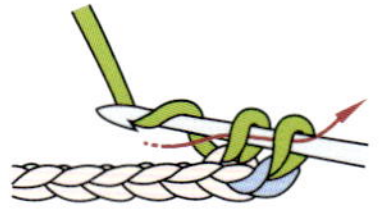 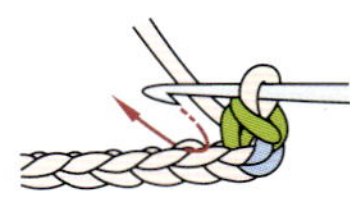 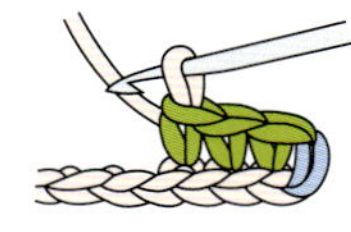

❶ 사슬 1코를 기둥코로 세우고 2코째 뒷고리에 바늘을 넣는다.

❷ 바늘에 실을 걸어서 화살표와 같이 빼낸다.

❸ 한 번 더 실을 걸어서 2개의 고리를 한 번에 빼낸다.

❹ ❶~❸을 반복한다.

❺ 짧은뜨기 3코 뜬 모양 (짧은뜨기는 기둥코를 코로 세지 않는다)

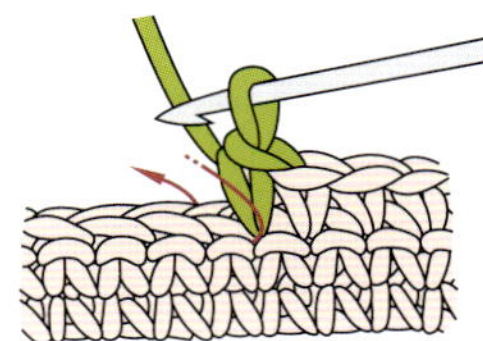 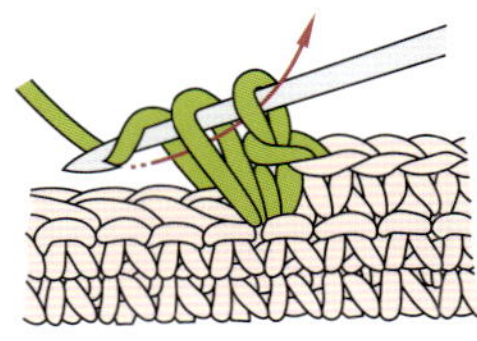 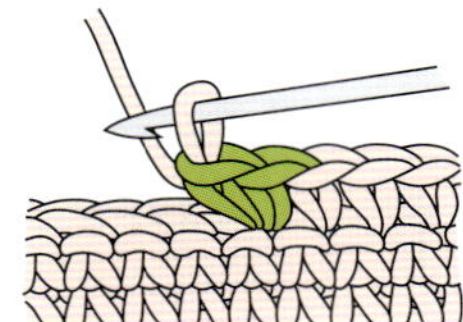

❶ 화살표 방향으로 바늘을 넣는다.
❷ 바늘에 실을 걸어 한 구멍에서 짧은뜨기를 2코 뜬다.
❸ 완성 모양

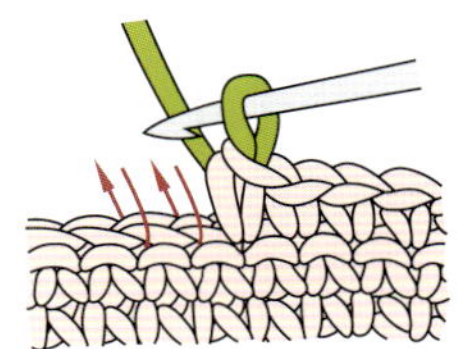 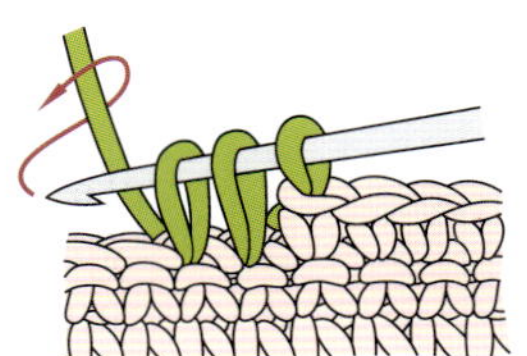 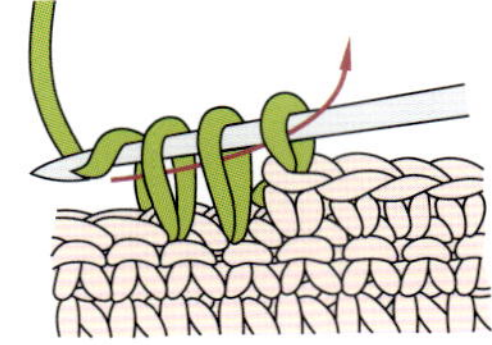 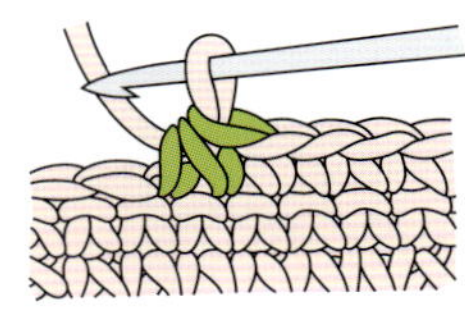

❶ 화살표 방향으로 바늘을 넣어 2코를 빼낸다.
❷ 바늘에 실을 건다.
❸ 3코를 한 번에 빼낸다.
❹ 완성 모양

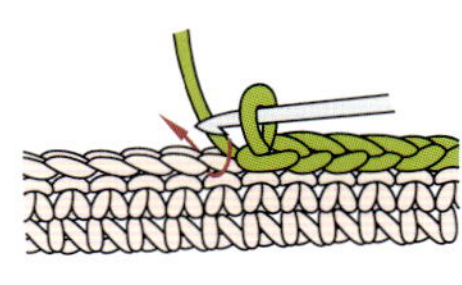 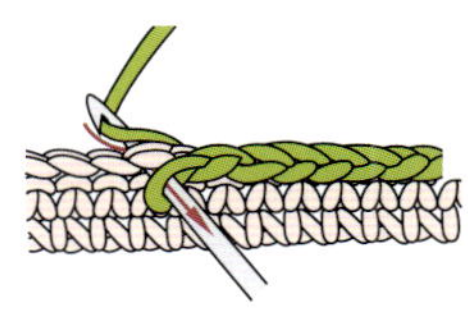

❶ 화살표 방향으로 바늘을 넣는다.
❷ 바늘에 실을 걸어 화살표 방향으로 한 번에 빼낸다.

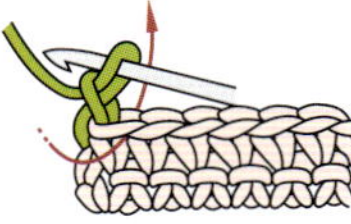 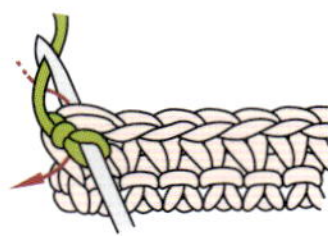 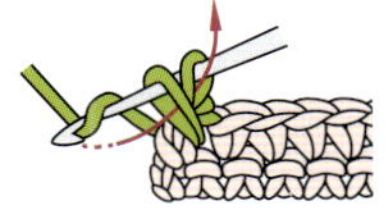 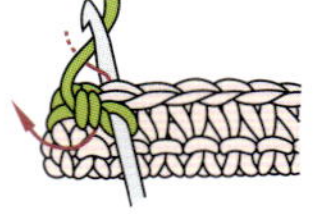 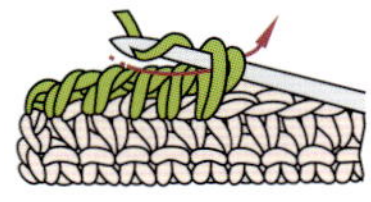

❶ 화살표 방향으로 바늘을 넣는다.
❷ 바늘에 실을 걸어 빼낸다.
❸ 다시 바늘에 실을 걸어 화살표 방향으로 한 번에 빼낸다.
❹ 계속해서 오른쪽 코의 2가닥을 미리 모아 바늘을 넣어 코를 빼낸다.
❺ 왼쪽에서 오른쪽으로 계속 뜬다.

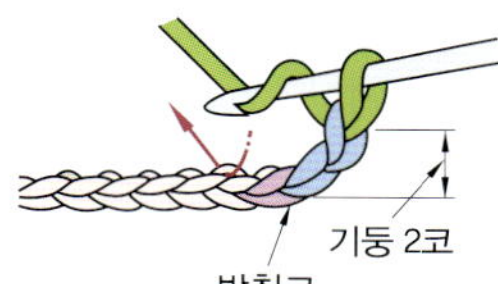

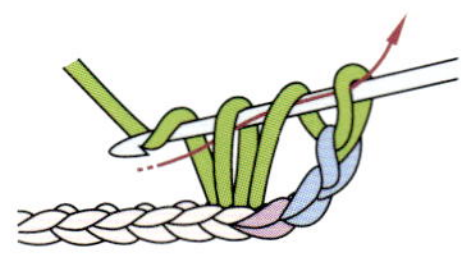

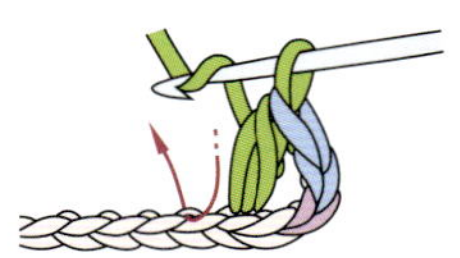

❶ 사슬 2코를 기둥코로 세우고 바늘에 실을 감아 4번째 사슬 뒷고리에 넣는다.

❷ 바늘에 실을 걸어 1코 사이로 빼낸 후 다시 바늘에 실을 걸어 3개의 고리를 한 번에 빼낸다.

❸ 긴뜨기 1코를 완성한 후, 다음 코에 ❶~❷를 반복한다.

❹ 기둥을 1코로 셀 수 있으므로 긴뜨기 4코가 된다(짧은뜨기를 제외한 다른 무늬는 기둥코를 1코로 센다).

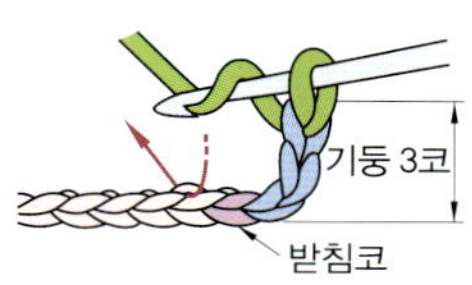

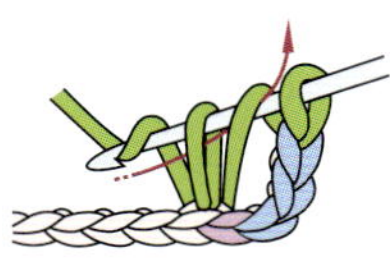

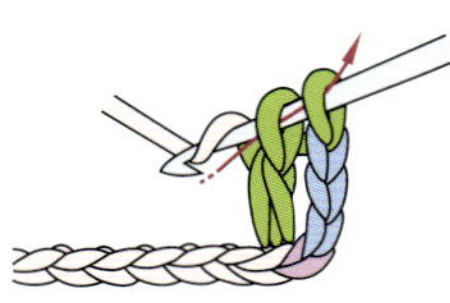

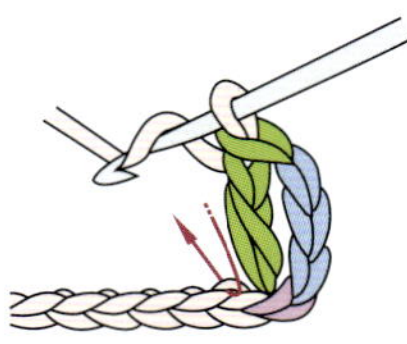

❶ 사슬 3코를 기둥코로 세우고 바늘에 실을 감아 5번째 사슬 뒷고리에 넣는다.

❷ 바늘에 실을 걸어 1코 사이로 빼낸 후 다시 바늘에 실을 걸어 2개의 고리만 빼낸다.

❸ 한 번 더 바늘에 실을 걸어서 나머지 2개를 빼낸다.

❹ 1길 긴뜨기가 완성되면 다음 코에 ❶~❸을 반복한다.

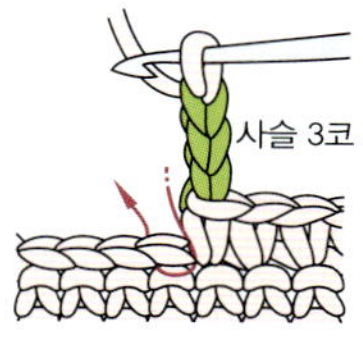

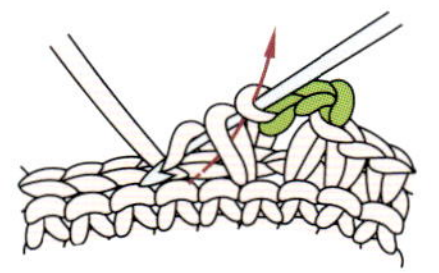

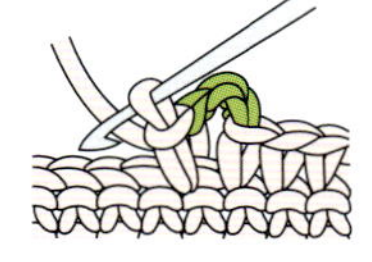

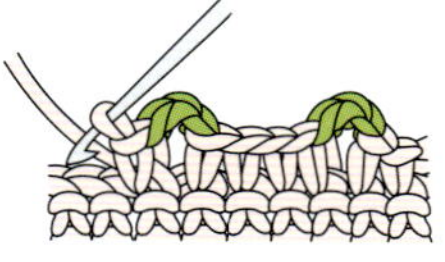

❶ 사슬 3코를 뜬 다음에 화살표와 같이 바늘을 넣는다.

❷ 바늘에 실을 걸어서 빼낸 후 다시 실을 걸어서 짧은뜨기를 뜬다.

❸ 사슬 3코 피코뜨기 1개가 완성되었다.

❹ 원하는 간격으로 사슬 3코 피코뜨기를 반복한다.

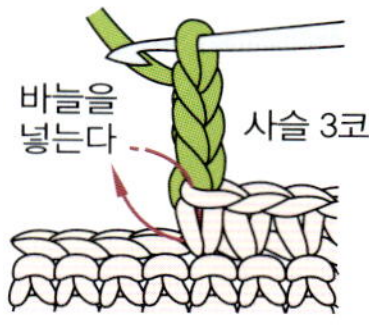

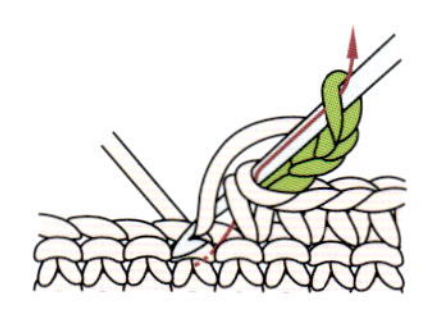

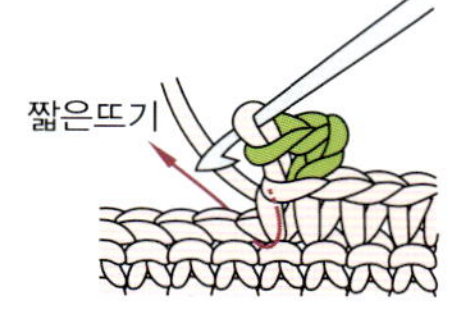

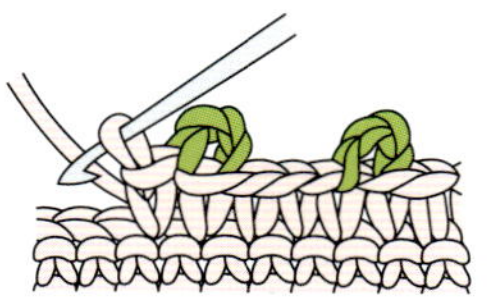

❶ 사슬 3코를 뜨고, 짧은뜨기의 머리 반 코와 발 하나에 화살표와 같이 바늘을 넣는다.

❷ 바늘에 실을 걸어 화살표처럼 한 번에 빼낸다.

❸ 다음 코에 짧은뜨기를 뜨면 사슬 3코 빼뜨기 피코가 완성된다.

❹ 원하는 간격을 두고 다음 피코를 뜨고 나서 짧은뜨기 1코를 뜬다.

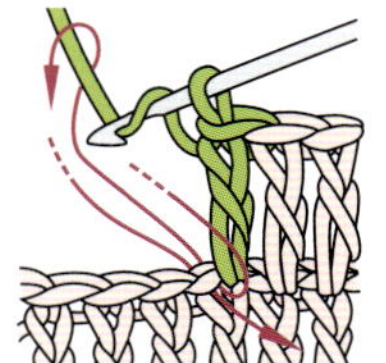

❶ 1길 긴뜨기를 1코 뜬 후 그 코에 한 번 더 1길 긴뜨기를 뜬다.

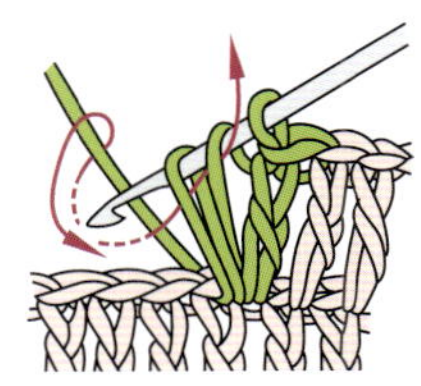

❷ 바늘에 실을 걸어 고리 2개 안으로 빼낸다.

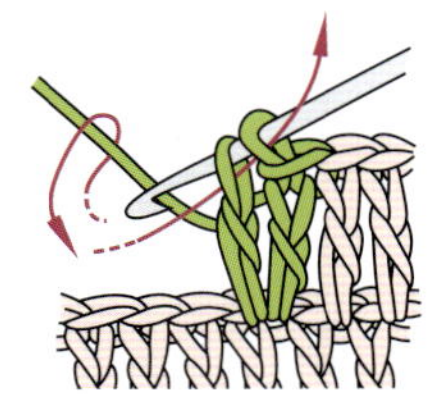

❸ 한 번 더 바늘에 실을 걸어 남은 고리 2개 안으로 빼낸다.

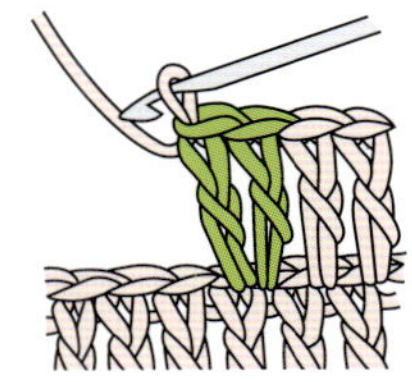

❹ 1코에 1길 긴뜨기 2코 떠넣기를 2개 뜬 모양

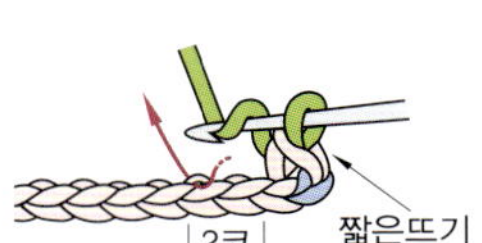

❶ 짧은뜨기를 1코 뜨고, 바늘에 실을 걸어 2코를 거르고 3번째 코에 넣는다.

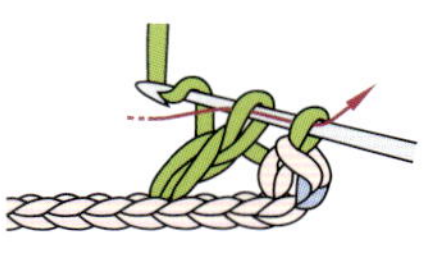

❷ 실을 빼내고 다시 바늘에 실을 걸어 고리 2개씩 빼내어 1길 긴뜨기를 뜬다.

❸ 같은 코에 4코를 더 뜨고, 3번째 코에 짧은뜨기를 뜬다.

❹ 1코에 1길 긴뜨기 5코 떠넣기를 2개 뜬 모양

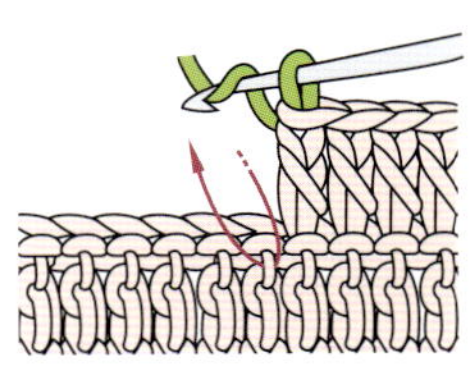

❶ 바늘에 실을 걸어 화살표와 같이 전단 코 아래쪽에 바늘을 넣는다.

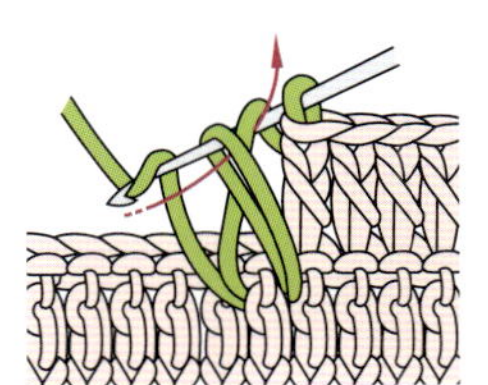

❷ 실을 빼내고 다시 바늘에 실을 걸어서 길게 빼낸 후 고리 2개만 빼낸다.

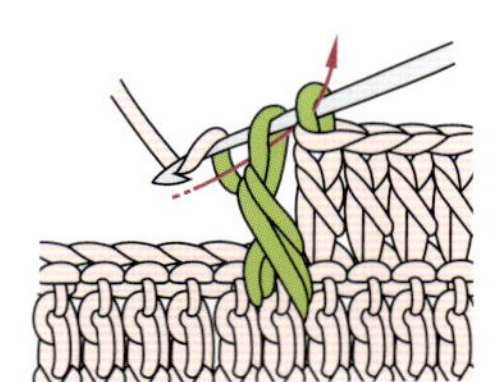

❸ 화살표와 같이 남은 고리 2개를 빼내서 1길 긴뜨기를 뜬다.

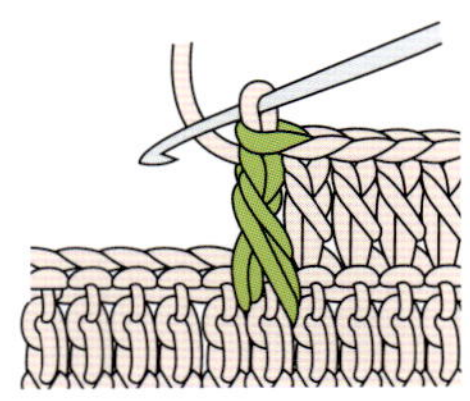

❹ 1길 긴뜨기 앞걸어뜨기가 완성되었다.

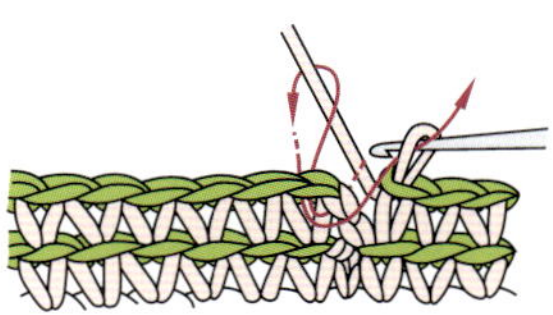

❶ 단마다 겉쪽을 보고 뜬다. 1바퀴 돌아 가며 짧은뜨기를 뜬 후 첫 코에서 빼뜬다.

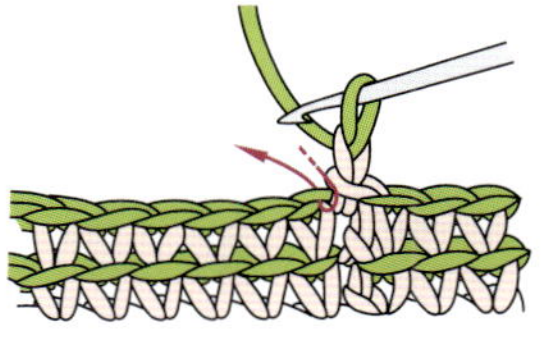

❷ 사슬뜨기 1코를 기둥코로 뜬 후 앞단의 뒤쪽 반 코를 주워서 짧은뜨기를 뜬다.

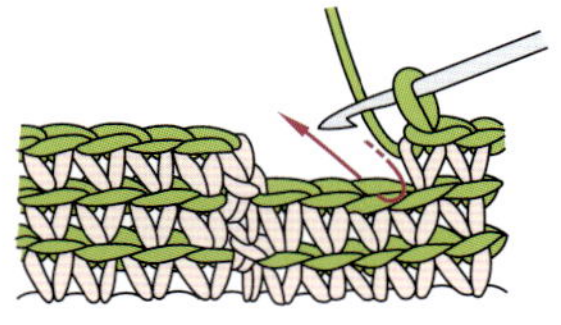

❸ ❷와 같은 방법으로 되풀이한다.

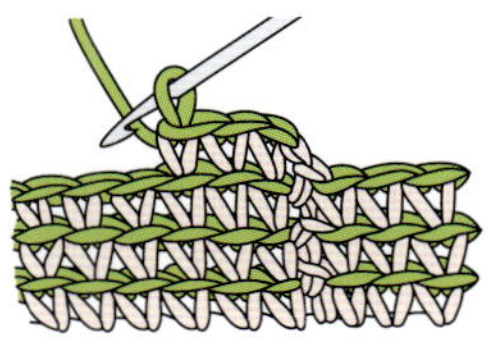

❹ 완성 모양

꼭 알아야 할 기본 Tip

1. 원형뜨기 인형의 각 부분은 모두 원형뜨기로 시작한다.

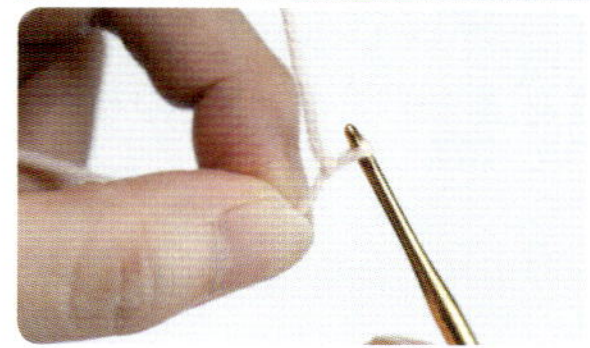

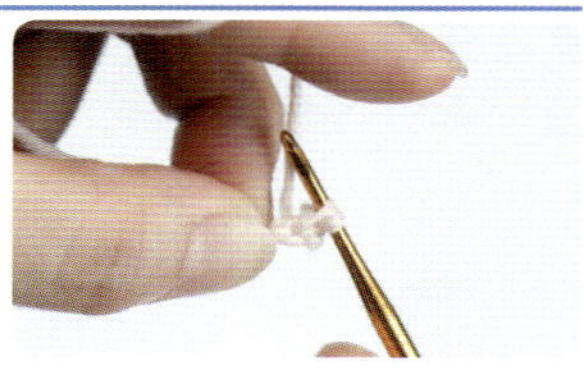

❶ 사슬뜨기 1코를 뜬다.

❷ ❶의 사슬코 안에 각 도안 콧수에 맞게 짧은뜨기를 뜬다.

2. 얼굴에 머리카락 붙이기

얼굴에 머리카락을 돗바늘로 감침질하여 연결한다.

3. 몸에 머리 붙이기

몸의 목 부분과 얼굴의 목 부분을 감침질하여 연결한다.

4. 몸에 다리 붙이기

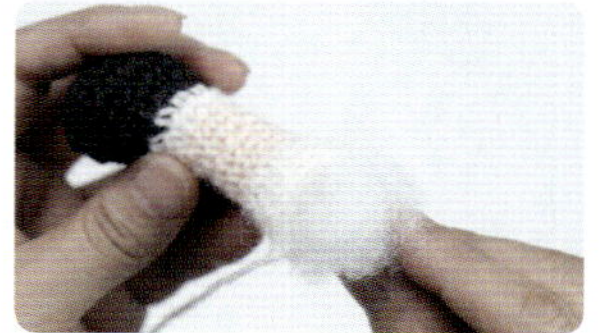

❶ 다리에 솜을 채운다.

❷ 몸 아래쪽에 다리 둘레를 돗바늘로 감침질하여 연결한다.

❸ 매듭을 짓는다.

5. 팔 만들어 몸에 붙이기

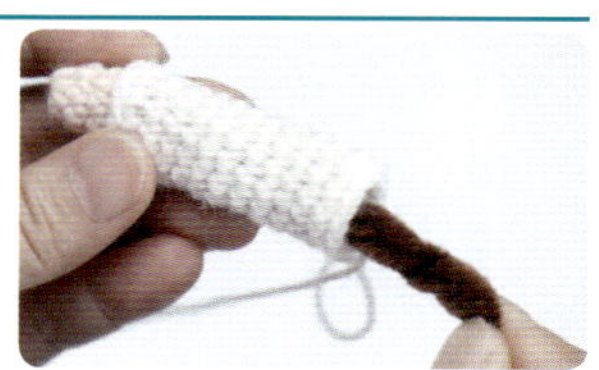

❹ 실 끝을 다리 속으로 넣어 자른다.

❶ 팔을 뜨고 소매 끝자락에 코를 걸어 소맷부리를 떠 준다.

❷ 팔에 넣을 몰을 꼬아 준다.

❸ 꼬아 놓은 몰을 팔에 넣는다.

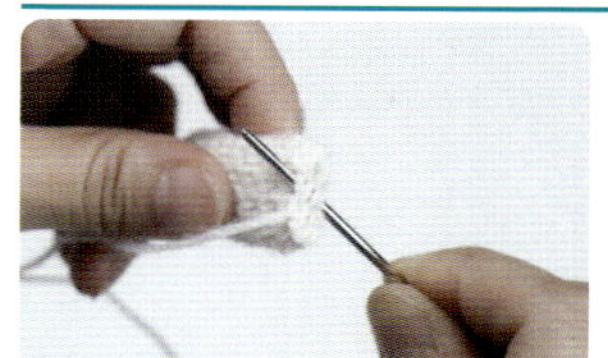

❹ 팔 끝을 접어 감친다.

❺ 팔을 몸의 어깨 위치에 사선으로 놓고 돗바늘로 감침질하여 연결한다.

6. 속바지에 프릴 뜨기

속바지 끝에 코를 걸어 사슬 3코 빼뜨기 피코로 프릴을 떠 준다.

7. 소매에 프릴 뜨기

소매 끝에 코를 걸어 사슬 3코 빼뜨기 피코뜨기로 프릴을 떠 준다.

인형 만들기 상세 과정

❶ 도안대로 각 부위 뜨기

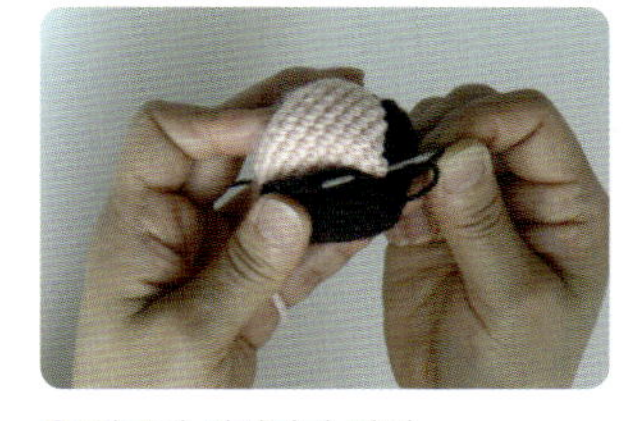

❷ 얼굴에 머리카락 달기

❸ 댕기머리 달기

❹ 머리 완성

❺ 머리와 몸 연결하기

❻ 몸에 다리 연결하기

❼ 옷깃 달기

❽ 팔에 몰 넣기

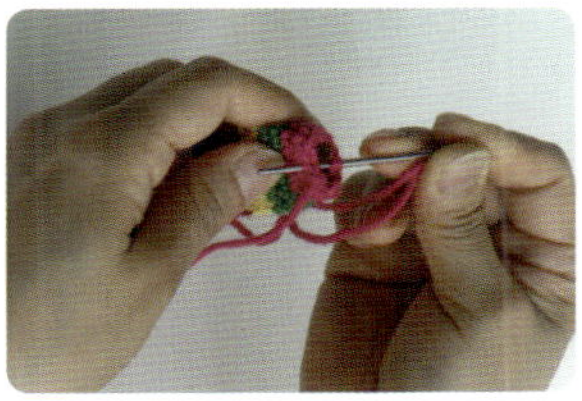

❾ 팔 끝을 반 접어 감침질하기

❿ 몸에 팔 연결하기

⓫ 전복끈 끼우기

⓬ 눈 달기

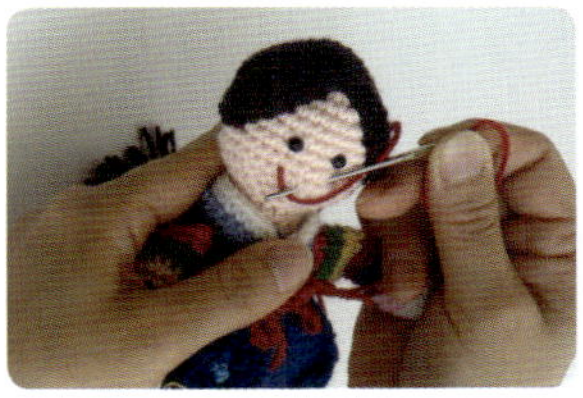

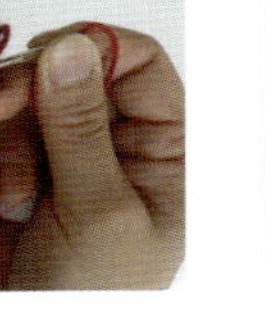

⓭ 입 표현하기

⓮ 완성

2장
손뜨개
인형 만들기
실기편

꼬마 친구들

즐거운 시간을 보내는
꼬마 친구들.
그런데 이 친구들 사이에
무슨 일이 있었던 걸까요?

빨간 모자

소요 시간 **2시간**

크기 **15cm**

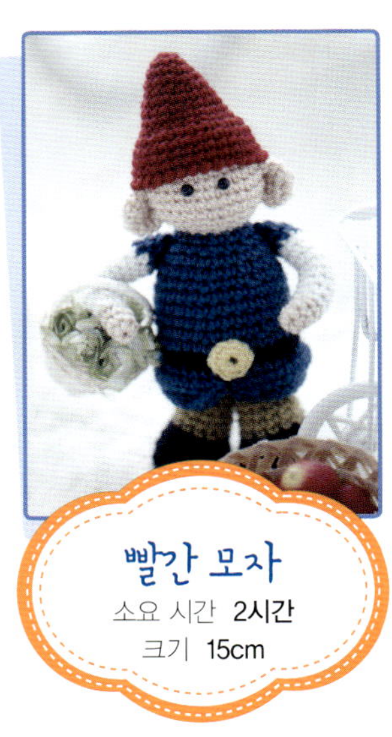

재료

도구 코바늘 3호, 돗바늘

실 살색, 진겨자색, 검은색, 청록색, 흰색, 노란색, 빨간색

부재료 4mm 콩단추 2개, 몰, 솜

만들기

1. 뜨개 도안대로 얼굴, 몸, 팔, 다리, 귀, 모자 등을 뜬다.
2. 몸에 코를 걸어 옷자락을 뜬 후 얼굴과 몸에 솜을 채워 넣고 목 부분을 감침질하여 연결한다.
3. 다리에 솜을 채우고 몸에 감침질하여 연결한다.
4. 팔에 몰을 넣고 입구를 반 접어 감친 후 몸에 감침질하여 연결한다.
5. 허리 벨트에 버클을 감침질하여 단다.
6. 귀를 반 접어 감친 후 얼굴 양옆에 감침질하여 단다(귀에는 솜을 넣지 않는다).
7. 얼굴에 눈을 달고 모자를 씌워 준다.

1 얼굴 살색

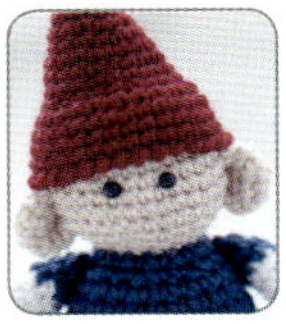

단수	콧수
1단	8코
2단	16코
3단	24코
4단	32코
⋮	⋮
10단	32코
11단	24코
12단	16코

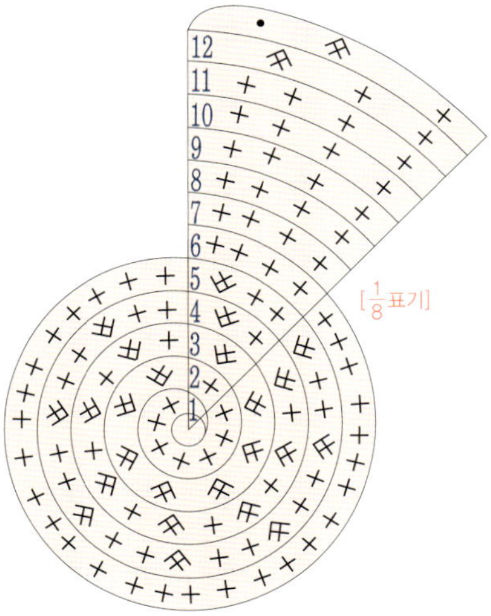

2 몸

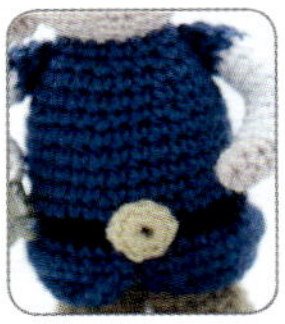

바지	진겨자색
벨트	검은색
상의	청록색

단수	콧수
1단	8코
2단	16코
3단	24코
4단	32코
5단	40코
6단	40코
7단	40코
8단	40코
9단	32코
⋮	⋮
12단	32코
13단	24코
14단	24코
15단	24코
16단	16코
17단	16코

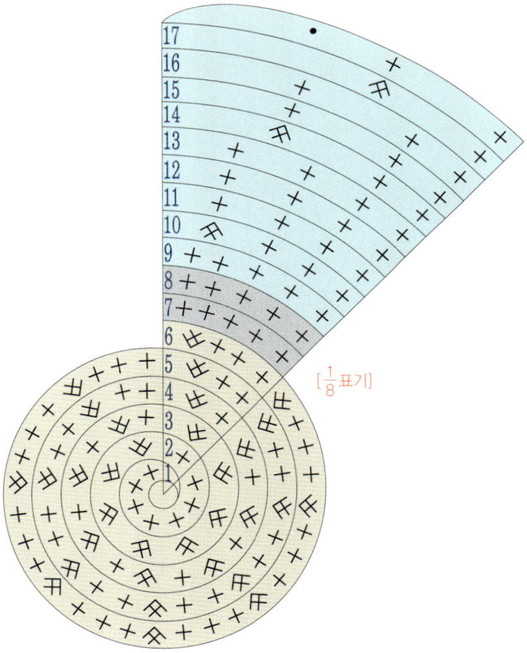

옷자락 청록색

바지 5단에서 코를 걸어 벨트 아래쪽으로 38코 짧은뜨기 4단을 뜬다.

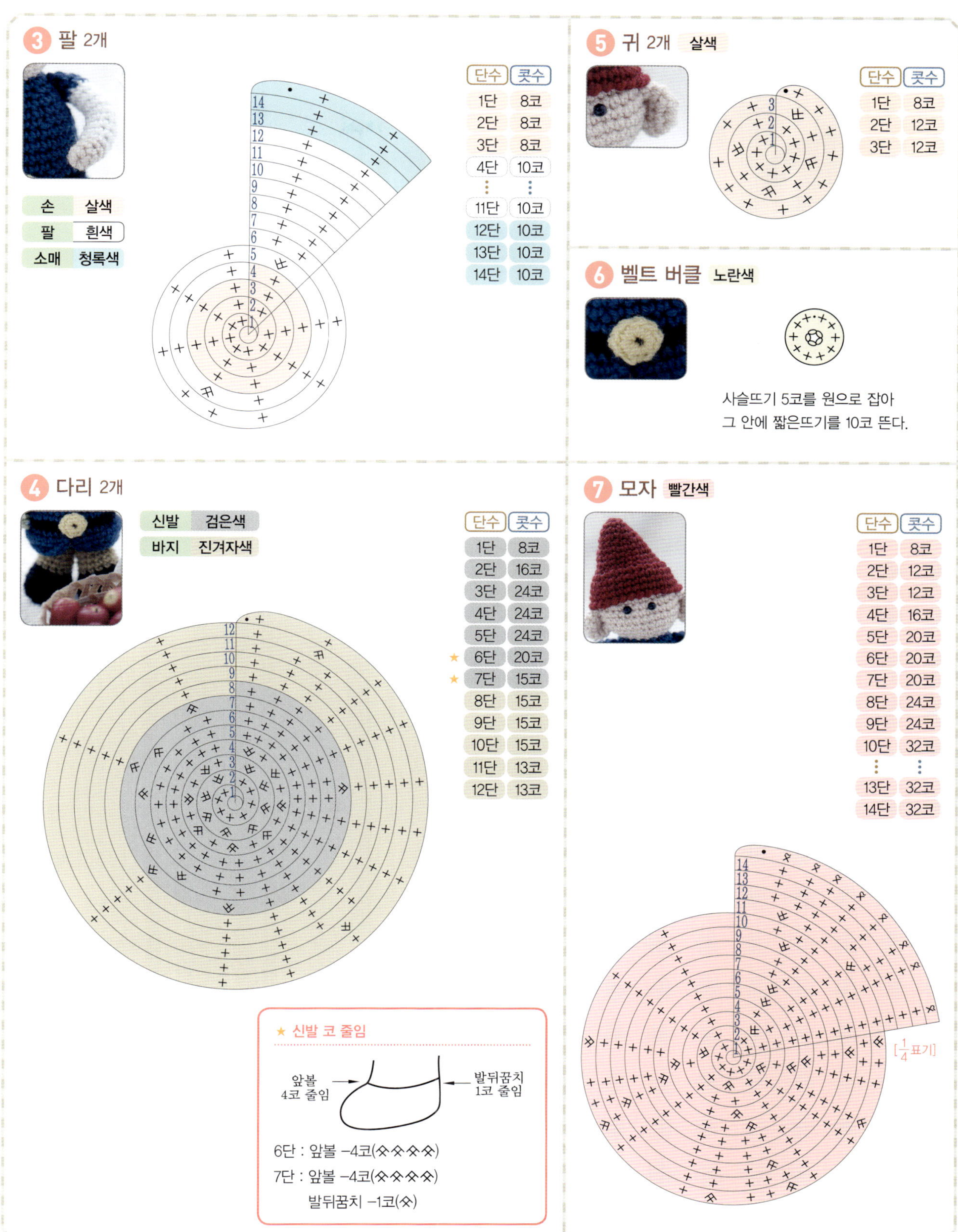

③ 팔 2개

손	살색
팔	흰색
소매	청록색

단수	콧수
1단	8코
2단	8코
3단	8코
4단	10코
⋮	⋮
11단	10코
12단	10코
13단	10코
14단	10코

⑤ 귀 2개 살색

단수	콧수
1단	8코
2단	12코
3단	12코

⑥ 벨트 버클 노란색

사슬뜨기 5코를 원으로 잡아
그 안에 짧은뜨기를 10코 뜬다.

④ 다리 2개

신발	검은색
바지	진겨자색

단수	콧수
1단	8코
2단	16코
3단	24코
4단	24코
5단	24코
★ 6단	20코
★ 7단	15코
8단	15코
9단	15코
10단	15코
11단	13코
12단	13코

★ 신발 코 줄임

앞볼 4코 줄임 → 발뒤꿈치 1코 줄임

6단 : 앞볼 −4코(⋏⋏⋏⋏)
7단 : 앞볼 −4코(⋏⋏⋏⋏)
발뒤꿈치 −1코(⋏)

⑦ 모자 빨간색

단수	콧수
1단	8코
2단	12코
3단	12코
4단	16코
5단	20코
6단	20코
7단	20코
8단	24코
9단	24코
10단	32코
⋮	⋮
13단	32코
14단	32코

[1/4 표기]

주황 모자

소요 시간 **2시간**

크기 **15cm**

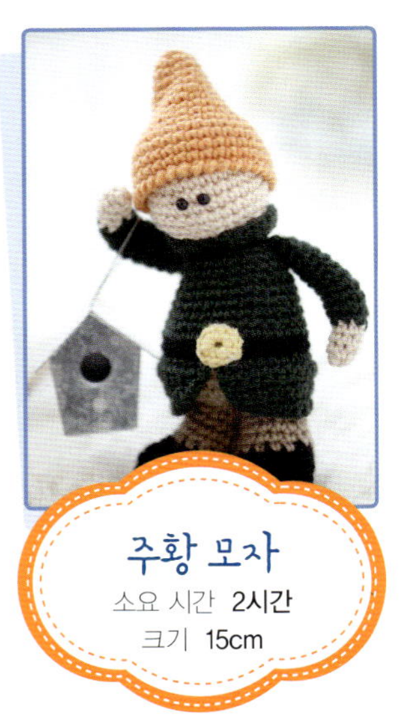

재료

도구 코바늘 3호, 돗바늘

실 살색, 연밤색, 검은색, 진초록색, 노란색, 주황색

부재료 4mm 콩단추 2개, 몰, 솜

만들기

1. 뜨개 도안대로 얼굴, 몸, 팔, 다리, 모자 등을 뜬다.
2. 몸에 코를 걸어 옷자락과 옷깃을 뜬 후 얼굴과 몸에 솜을 채워 넣고 목 부분을 감침질하여 연결한다.
3. 다리에 솜을 채우고 몸에 감침질하여 연결한다.
4. 팔에 몰을 넣고 입구를 반 접어 감친 후 몸에 감침질하여 연결한다.
5. 허리 벨트에 버클을 감침질하여 단다.
6. 얼굴에 눈을 달고 모자를 씌워 준다.

1 얼굴 살색

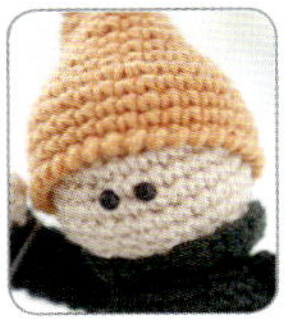

단수	콧수
1단	8코
2단	16코
3단	24코
4단	32코
⋮	⋮
10단	32코
11단	24코
12단	16코

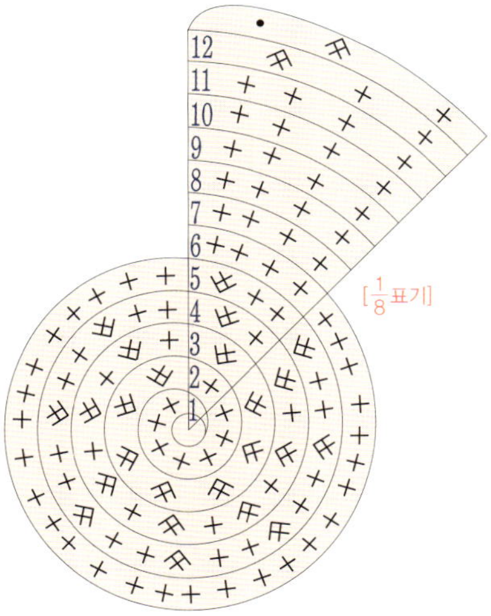

[1/8 표기]

2 몸

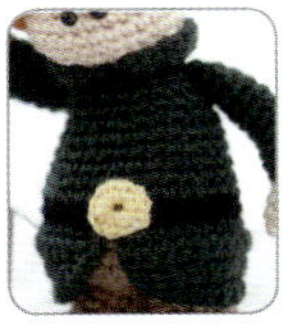

바지	연밤색
벨트	검은색
상의	진초록색

단수	콧수
1단	8코
2단	16코
3단	24코
4단	32코
5단	40코
6단	40코
7단	40코
8단	40코
9단	32코
⋮	⋮
12단	32코
13단	24코
14단	24코
15단	24코
16단	16코
17단	16코

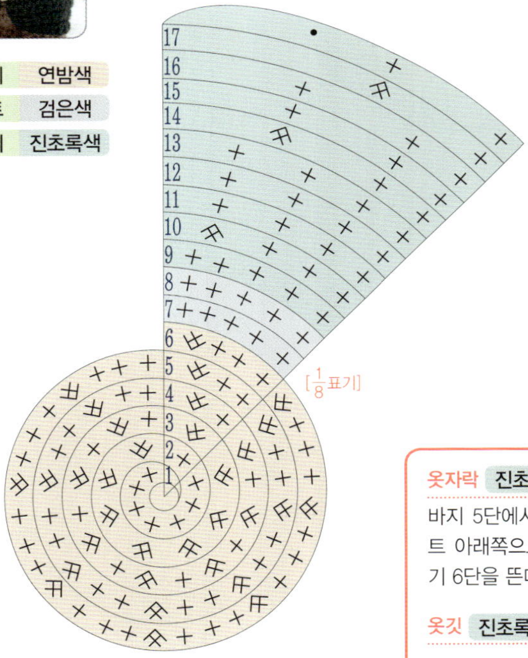

[1/8 표기]

옷자락 진초록색

바지 5단에서 코를 걸어 벨트 아래쪽으로 38코 짧은뜨기 6단을 뜬다.

옷깃 진초록색

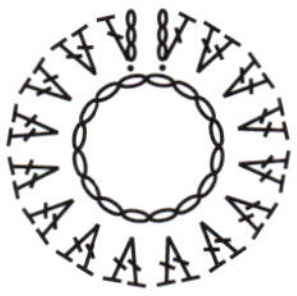

상의 17단에 코를 걸어 뜬다.

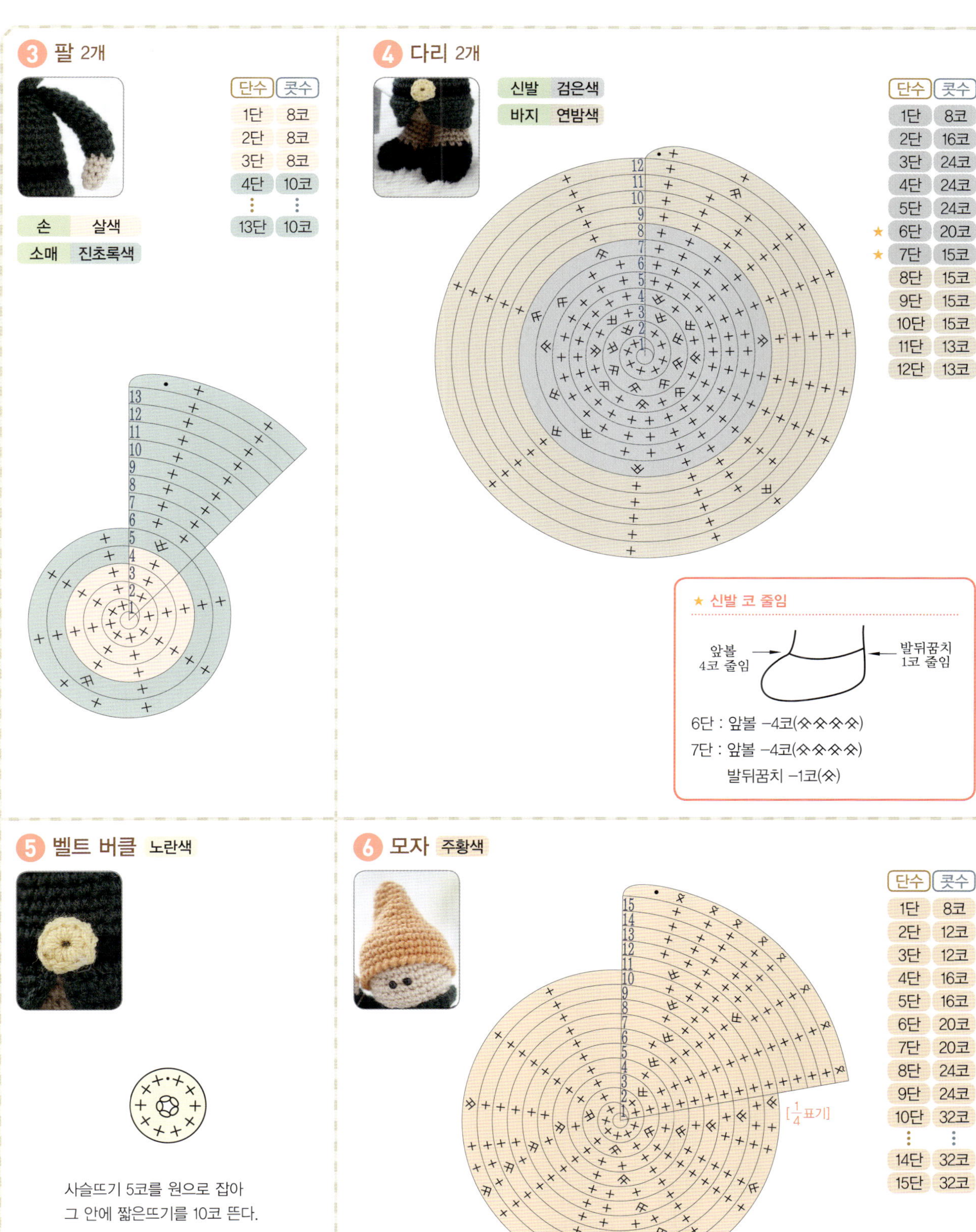

③ 팔 2개

단수	콧수
1단	8코
2단	8코
3단	8코
4단	10코
⋮	⋮
13단	10코

손	살색
소매	진초록색

④ 다리 2개

신발	검은색
바지	연밤색

단수	콧수
1단	8코
2단	16코
3단	24코
4단	24코
5단	24코
★ 6단	20코
★ 7단	15코
8단	15코
9단	15코
10단	15코
11단	13코
12단	13코

★ 신발 코 줄임

앞볼 4코 줄임 　　 발뒤꿈치 1코 줄임

6단 : 앞볼 −4코(⋏⋏⋏⋏)

7단 : 앞볼 −4코(⋏⋏⋏⋏)

발뒤꿈치 −1코(⋏)

⑤ 벨트 버클　노란색

사슬뜨기 5코를 원으로 잡아
그 안에 짧은뜨기를 10코 뜬다.

⑥ 모자　주황색

단수	콧수
1단	8코
2단	12코
3단	12코
4단	16코
5단	16코
6단	20코
7단	20코
8단	24코
9단	24코
10단	32코
⋮	⋮
14단	32코
15단	32코

[¼ 표기]

노란 모자

소요 시간 **2시간**
크기 **15cm**

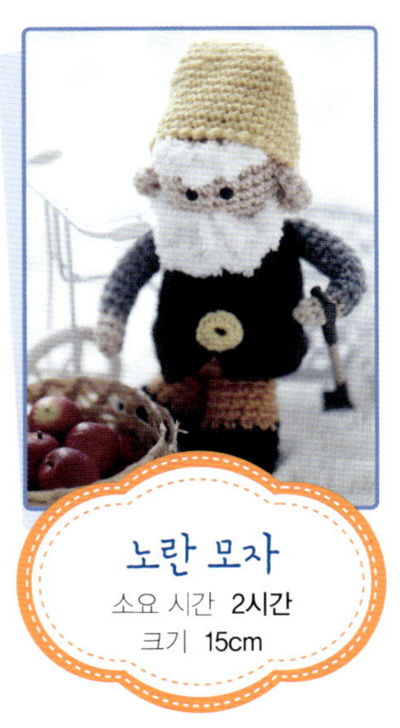

재료

도구 코바늘 3호, 돗바늘
실 살색, 흰색, 주황색, 검은색, 진밤색, 회색, 노란색
부재료 4mm 콩단추 2개, 몰, 솜

만들기

1. 뜨개 도안대로 얼굴, 몸, 팔, 다리, 귀, 모자 등을 뜬다.
2. 몸에 코를 걸어 옷자락을 뜬 후 얼굴과 몸에 솜을 채워 넣고 목 부분을 감침질하여 연결한다.
3. 다리에 솜을 채우고 몸에 감침질하여 연결한다.
4. 팔에 몰을 넣고 입구를 반 접어 감친 후 몸에 감침질하여 연결한다.
5. 허리 벨트에 버클을 감침질하여 단다.
6. 귀를 반 접어 감친 후 얼굴 양옆에 감침질하여 단다(귀에는 솜을 넣지 않는다).
7. 얼굴에 눈을 달고 수염과 머리카락을 사슬뜨기로 떠서 표현한 후 모자를 씌워 준다.

1 얼굴 살색

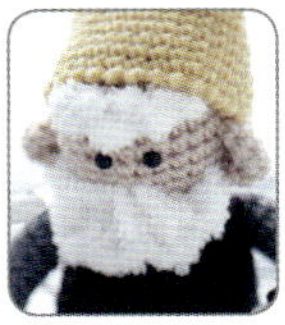

단수	콧수
1단	8코
2단	16코
3단	24코
4단	32코
⋮	⋮
10단	32코
11단	24코
12단	16코

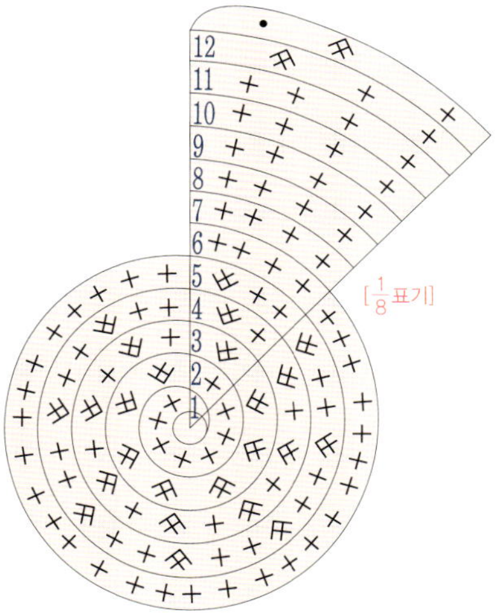

앞머리와 수염 흰색

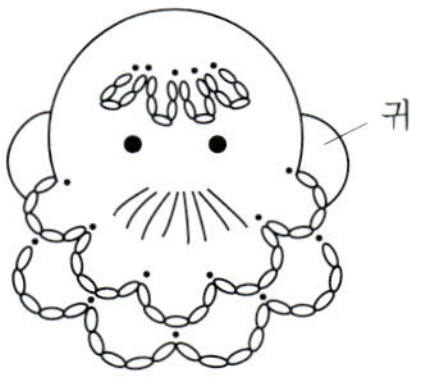

턱수염 : 귀밑에서 코를 걸어 사슬뜨기 5코를 뜨고 그림처럼 빼뜨기해서 얼굴에 고정시키기를 반복한다.
콧수염 : 실 4가닥을 코 자리에 1코 걸어 길이를 가다듬는다.

2 몸

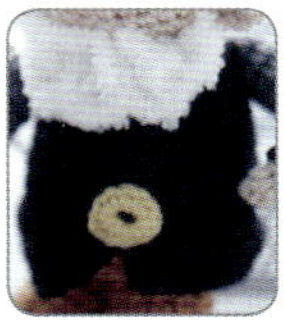

단수	콧수
1단	8코
2단	16코
3단	24코
4단	32코
5단	40코
6단	40코
7단	40코
8단	40코
9단	32코
⋮	⋮
12단	32코
13단	24코
14단	24코
15단	24코
16단	16코
17단	16코

바지	주황색
벨트	검은색
상의	진밤색

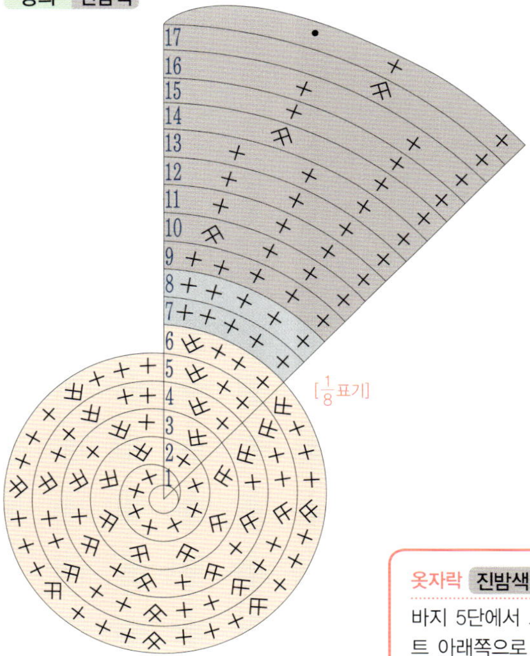

옷자락 진밤색

바지 5단에서 코를 걸어 벨트 아래쪽으로 38코 짧은뜨기 4단을 뜬다.

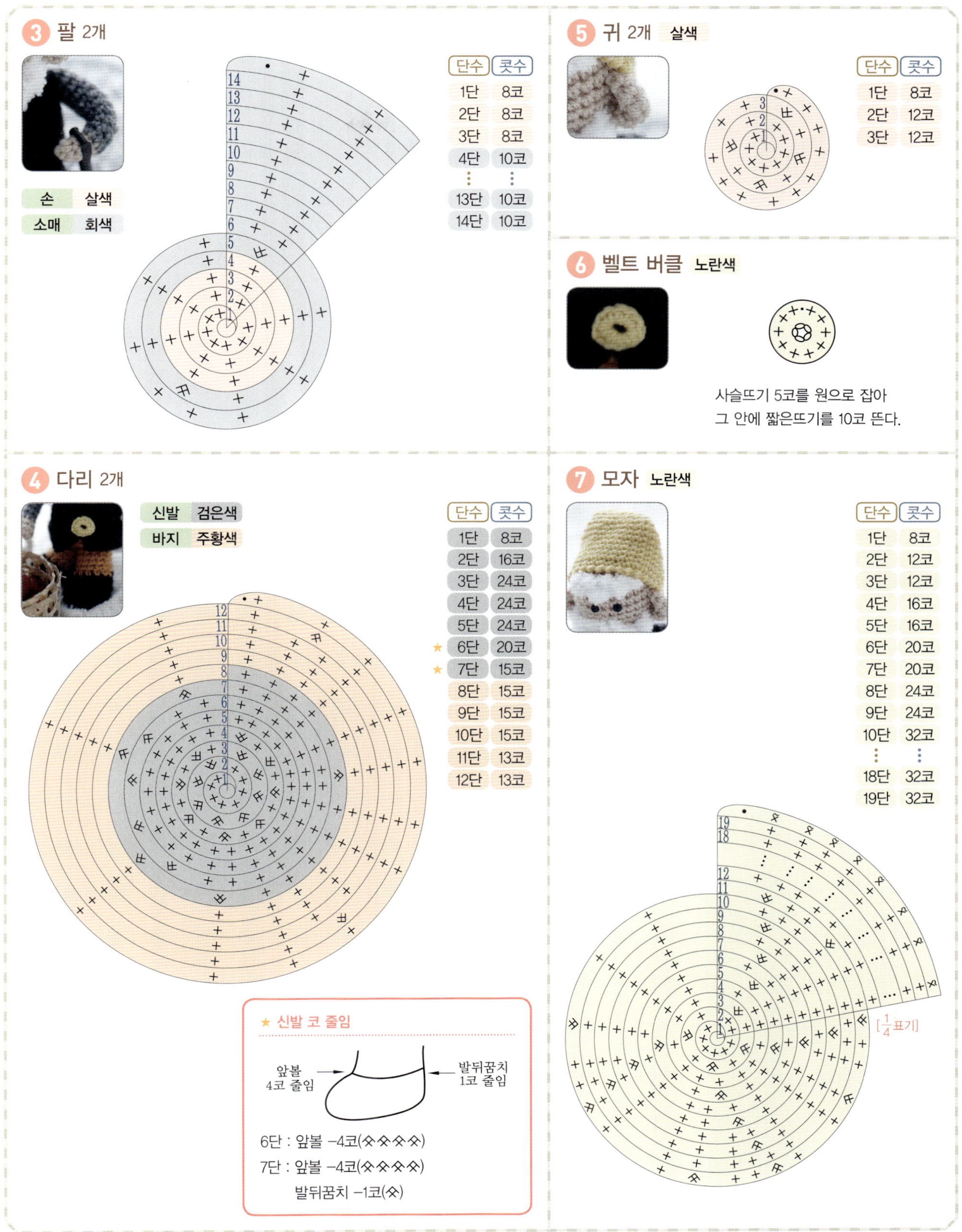

3 팔 2개

손 살색
소매 회색

단수	콧수
1단	8코
2단	8코
3단	8코
4단	10코
⋮	⋮
13단	10코
14단	10코

5 귀 2개 살색

단수	콧수
1단	8코
2단	12코
3단	12코

6 벨트 버클 노란색

사슬뜨기 5코를 원으로 잡아
그 안에 짧은뜨기를 10코 뜬다.

4 다리 2개

신발 검은색
바지 주황색

단수	콧수
1단	8코
2단	16코
3단	24코
4단	24코
5단	24코
★ 6단	20코
★ 7단	15코
8단	15코
9단	15코
10단	15코
11단	13코
12단	13코

★ 신발 코 줄임

앞볼 4코 줄임 → ← 발뒤꿈치 1코 줄임

6단 : 앞볼 −4코(⊼⊼⊼⊼)
7단 : 앞볼 −4코(⊼⊼⊼⊼)
　　　발뒤꿈치 −1코(⊼)

7 모자 노란색

단수	콧수
1단	8코
2단	12코
3단	12코
4단	16코
5단	16코
6단	20코
7단	20코
8단	24코
9단	24코
10단	32코
⋮	⋮
18단	32코
19단	32코

$\left[\frac{1}{4}\text{표기}\right]$

재료

도구 코바늘 3호, 돗바늘

실 살색, 진회색, 검은색, 빨간색, 노란색, 초록색(연두색)

부재료 4mm 콩단추 2개, 몰, 솜

만들기

❶ 뜨개 도안대로 얼굴, 몸, 팔, 다리, 귀, 모자 등을 뜬다.

❷ 몸에 코를 걸어 옷자락과 옷깃을 뜬 후 얼굴과 몸에 솜을 채워 넣고 목 부분을 감침질하여 연결한다.

❸ 다리에 솜을 채우고 몸에 감침질하여 연결한다.

❹ 팔에 몰을 넣고 입구를 반 접어 감친 후 몸에 감침질하여 연결한다.

❺ 허리 벨트에 버클을 감침질하여 단다.

❻ 귀를 반 접어 감친 후 얼굴 양옆에 감침질하여 단다(귀에는 솜을 넣지 않는다).

❼ 얼굴에 눈을 달고 눈썹을 스티치로 표현한 후 모자를 씌워 준다.

---

❶ 얼굴

단수	콧수
1단	8코
2단	16코
3단	24코
4단	32코
⋮	
10단	32코
11단	24코
12단	16코

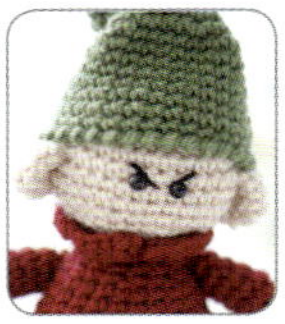

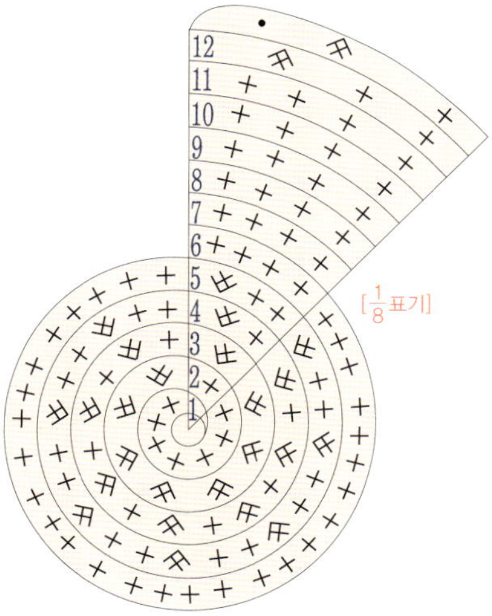

얼굴	살색
눈썹(스티치)	검은색

[⅛ 표기]

❷ 몸

바지	진회색
벨트	검은색
상의	빨간색

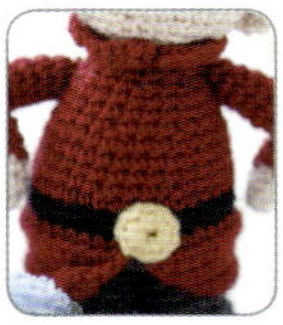

단수	콧수
1단	8코
2단	16코
3단	24코
4단	32코
5단	40코
6단	40코
7단	40코
8단	40코
9단	32코
⋮	⋮
12단	32코
13단	24코
14단	24코
15단	24코
16단	16코
17단	16코
18단	16코

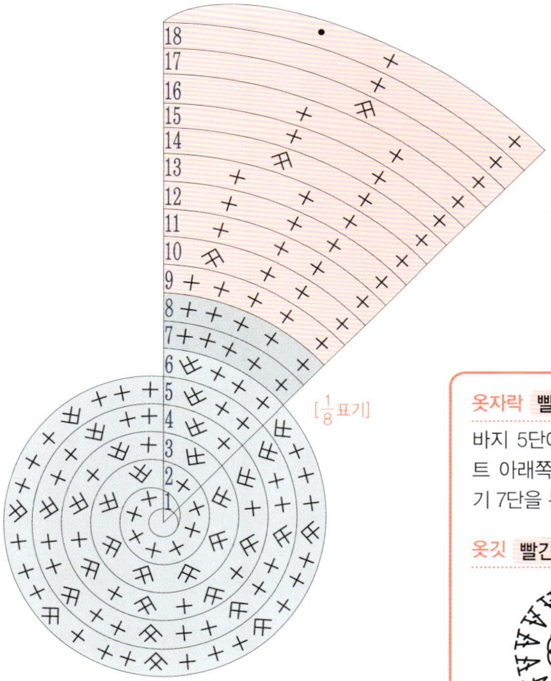

[⅛ 표기]

옷자락 빨간색

바지 5단에서 실을 걸어 벨트 아래쪽으로 38코 짧은뜨기 7단을 뜬다.

옷깃 빨간색

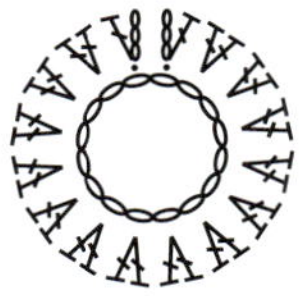

상의 18단에 코를 걸어 뜬다.

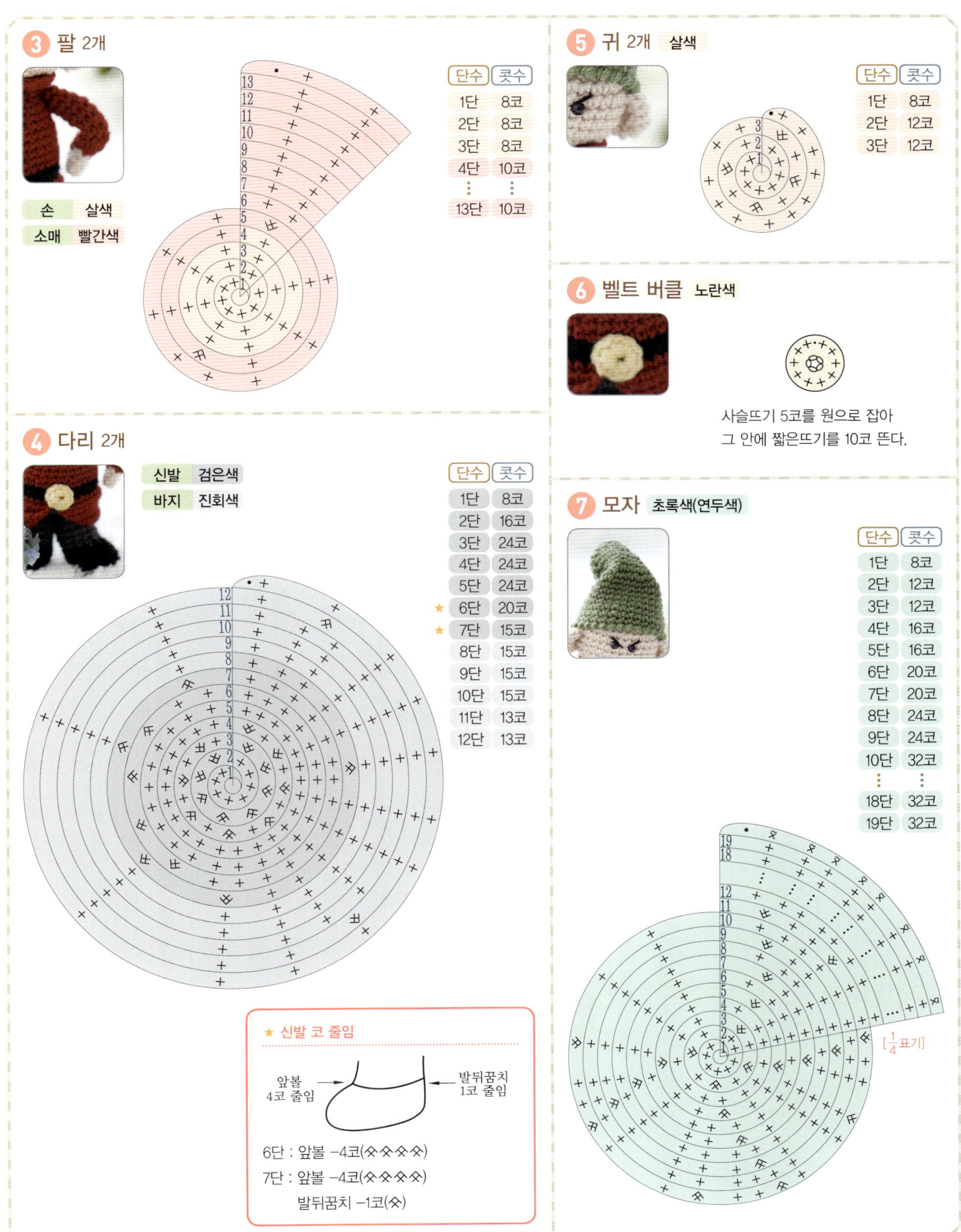

③ 팔 2개

손 살색
소매 빨간색

단수	콧수
1단	8코
2단	8코
3단	8코
4단	10코
⋮	⋮
13단	10코

⑤ 귀 2개 살색

단수	콧수
1단	8코
2단	12코
3단	12코

⑥ 벨트 버클 노란색

사슬뜨기 5코를 원으로 잡아
그 안에 짧은뜨기를 10코 뜬다.

④ 다리 2개

신발 검은색
바지 진회색

단수	콧수
1단	8코
2단	16코
3단	24코
4단	24코
5단	24코
★ 6단	20코
★ 7단	15코
8단	15코
9단	15코
10단	15코
11단	13코
12단	13코

⑦ 모자 초록색(연두색)

단수	콧수
1단	8코
2단	12코
3단	12코
4단	16코
5단	16코
6단	20코
7단	20코
8단	24코
9단	24코
10단	32코
⋮	⋮
18단	32코
19단	32코

★ 신발 코 줄임

앞볼 4코 줄임
발뒤꿈치 1코 줄임

6단 : 앞볼 −4코(⋏⋏⋏⋏)
7단 : 앞볼 −4코(⋏⋏⋏⋏)
　　　발뒤꿈치 −1코(⋏)

$[\frac{1}{4}$ 표기$]$

재료

도구 코바늘 3호, 돗바늘

실 살색, 진팥색, 검은색, 진겨자색, 노란색, 파란색(하늘색)

부재료 4mm 콩단추 2개, 몰, 솜

만들기

❶ 뜨개 도안대로 얼굴, 몸, 팔, 다리, 귀, 모자 등을 뜬다.

❷ 몸에 코를 걸어 옷자락을 뜬 후 얼굴과 몸에 솜을 채워 넣고 목 부분을 감침질하여 연결한다.

❸ 다리에 솜을 채우고 몸에 감침질하여 연결한다.

❹ 팔에 몰을 넣고 입구를 반 접어 감친 후 몸에 감침질하여 연결한다.

❺ 허리 벨트에 버클을 감침질하여 단다.

❻ 귀를 반 접어 감친 후 얼굴 양옆에 감침질하여 단다(귀에는 솜을 넣지 않는다).

❼ 얼굴에 눈을 달고 모자를 씌워 준다.

---

❶ 얼굴 살색

단수	콧수
1단	8코
2단	16코
3단	24코
4단	32코
⋮	⋮
10단	32코
11단	24코
12단	16코

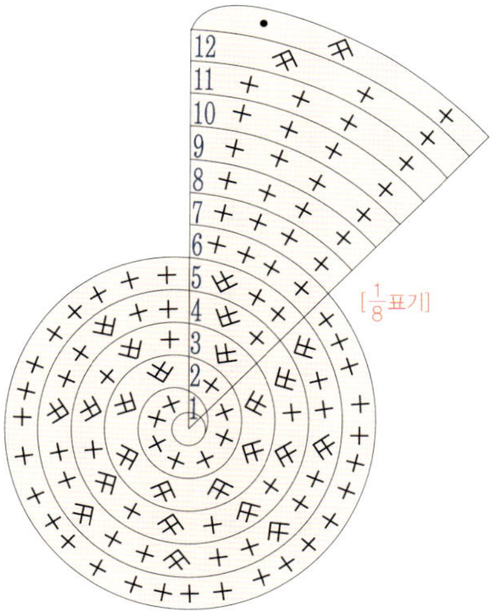

[$\frac{1}{8}$ 표기]

❷ 몸

바지	진팥색
벨트	검은색
상의	진겨자색

단수	콧수
1단	8코
2단	16코
3단	24코
4단	32코
5단	40코
6단	40코
7단	40코
8단	40코
9단	32코
⋮	⋮
12단	32코
13단	24코
14단	24코
15단	24코
16단	16코
17단	16코
18단	16코

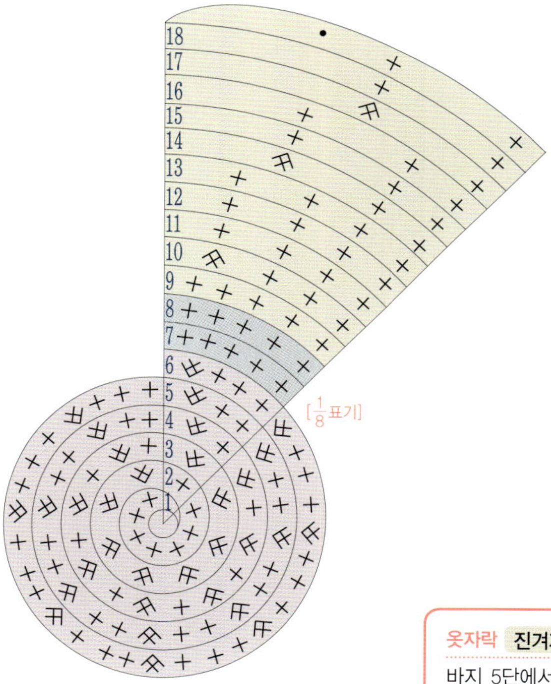

[$\frac{1}{8}$ 표기]

옷자락 진겨자색

바지 5단에서 코를 걸어 벨트 아래쪽으로 38코 짧은뜨기 5단을 뜬다.

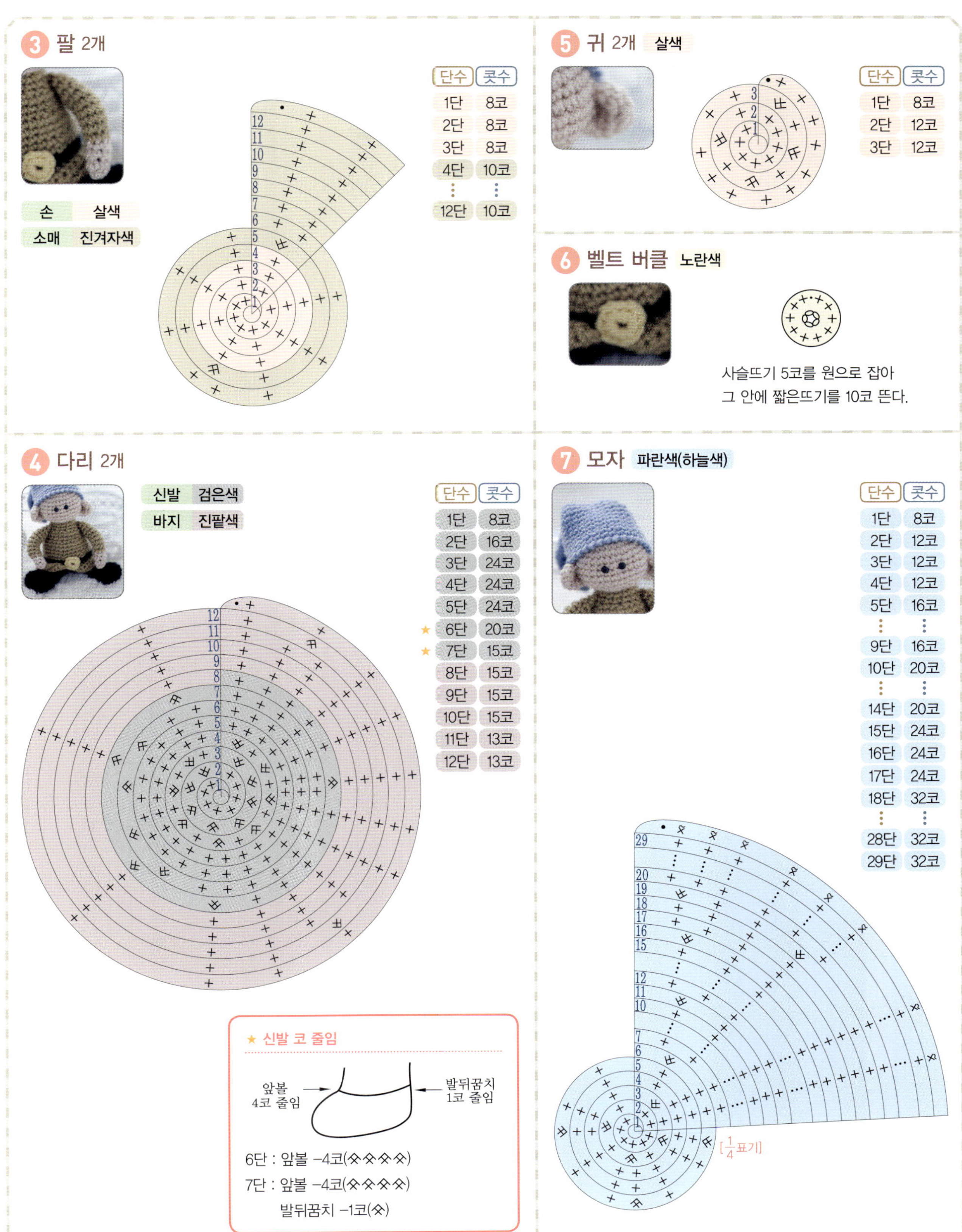

③ 팔 2개

손　　살색
소매　진겨자색

단수	콧수
1단	8코
2단	8코
3단	8코
4단	10코
⋮	⋮
12단	10코

⑤ 귀 2개　살색

단수	콧수
1단	8코
2단	12코
3단	12코

⑥ 벨트 버클　노란색

사슬뜨기 5코를 원으로 잡아
그 안에 짧은뜨기를 10코 뜬다.

④ 다리 2개

신발　검은색
바지　진팥색

단수	콧수
1단	8코
2단	16코
3단	24코
4단	24코
5단	24코
★ 6단	20코
★ 7단	15코
8단	15코
9단	15코
10단	15코
11단	13코
12단	13코

⑦ 모자　파란색(하늘색)

단수	콧수
1단	8코
2단	12코
3단	12코
4단	12코
5단	16코
⋮	⋮
9단	16코
10단	20코
⋮	⋮
14단	20코
15단	24코
16단	24코
17단	24코
18단	32코
⋮	⋮
28단	32코
29단	32코

[¼ 표기]

★ 신발 코 줄임

앞볼
4코 줄임

발뒤꿈치
1코 줄임

6단 : 앞볼 −4코(✧✧✧✧)

7단 : 앞볼 −4코(✧✧✧✧)

　　　발뒤꿈치 −1코(✧)

재료

도구 코바늘 3호, 돗바늘

실 살색, 커피색, 검은색, 진분홍색, 노란색, 남색

부재료 4mm 콩단추 2개, 몰, 솜

만들기

1 뜨개 도안대로 얼굴, 몸, 팔, 다리, 귀, 모자 등을 뜬다.

2 몸에 코를 걸어 옷자락을 뜬 후 얼굴과 몸에 솜을 채워 넣고 목 부분을 감침질하여 연결한다.

3 다리에 솜을 채우고 몸에 감침질하여 연결한다.

4 팔에 몰을 넣고 입구를 반 접어 감친 후 몸에 감침질하여 연결한다.

5 허리 벨트에 버클을 감침질하여 단다.

6 귀를 반 접어 감친 후 얼굴 양옆에 감침질하여 단다(귀에는 솜을 넣지 않는다).

7 얼굴에 눈을 달고 모자를 씌워 준다.

---

1 얼굴 살색

단수	콧수
1단	8코
2단	16코
3단	24코
4단	32코
⋮	⋮
10단	32코
11단	24코
12단	16코

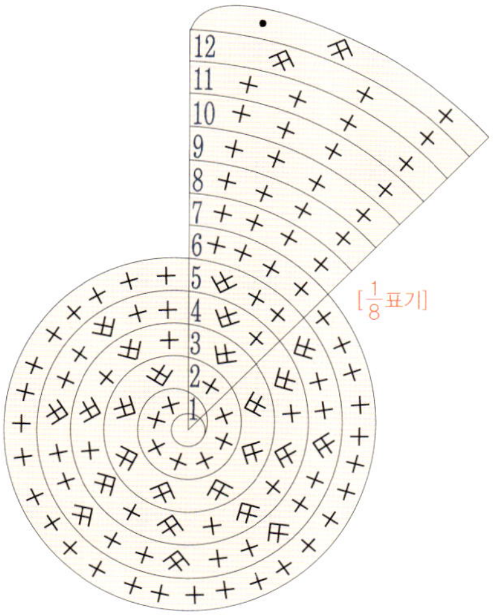

[⅛표기]

2 몸

바지	커피색
벨트	검은색
상의	진분홍색

단수	콧수
1단	8코
2단	16코
3단	24코
4단	32코
5단	40코
6단	40코
7단	40코
8단	40코
9단	32코
10단	32코
11단	32코
12단	24코
13단	24코
14단	24코
15단	16코
16단	16코
17단	16코

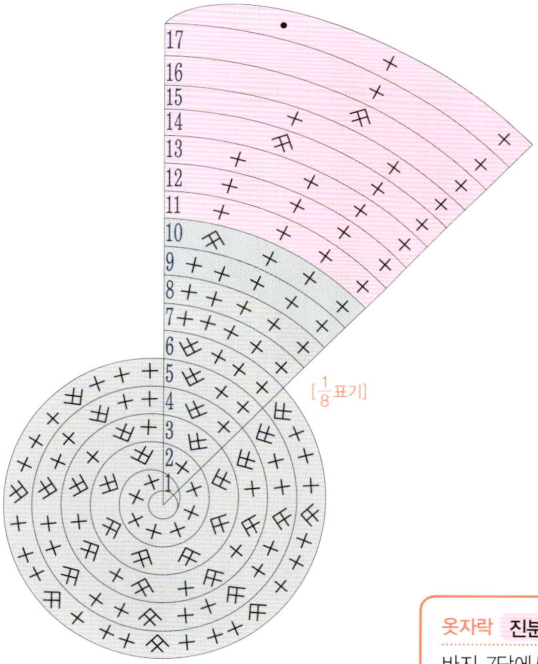

[⅛표기]

옷자락 진분홍색

바지 7단에서 코를 걸어 벨트 아래쪽으로 38코 짧은뜨기 7단을 뜬다.

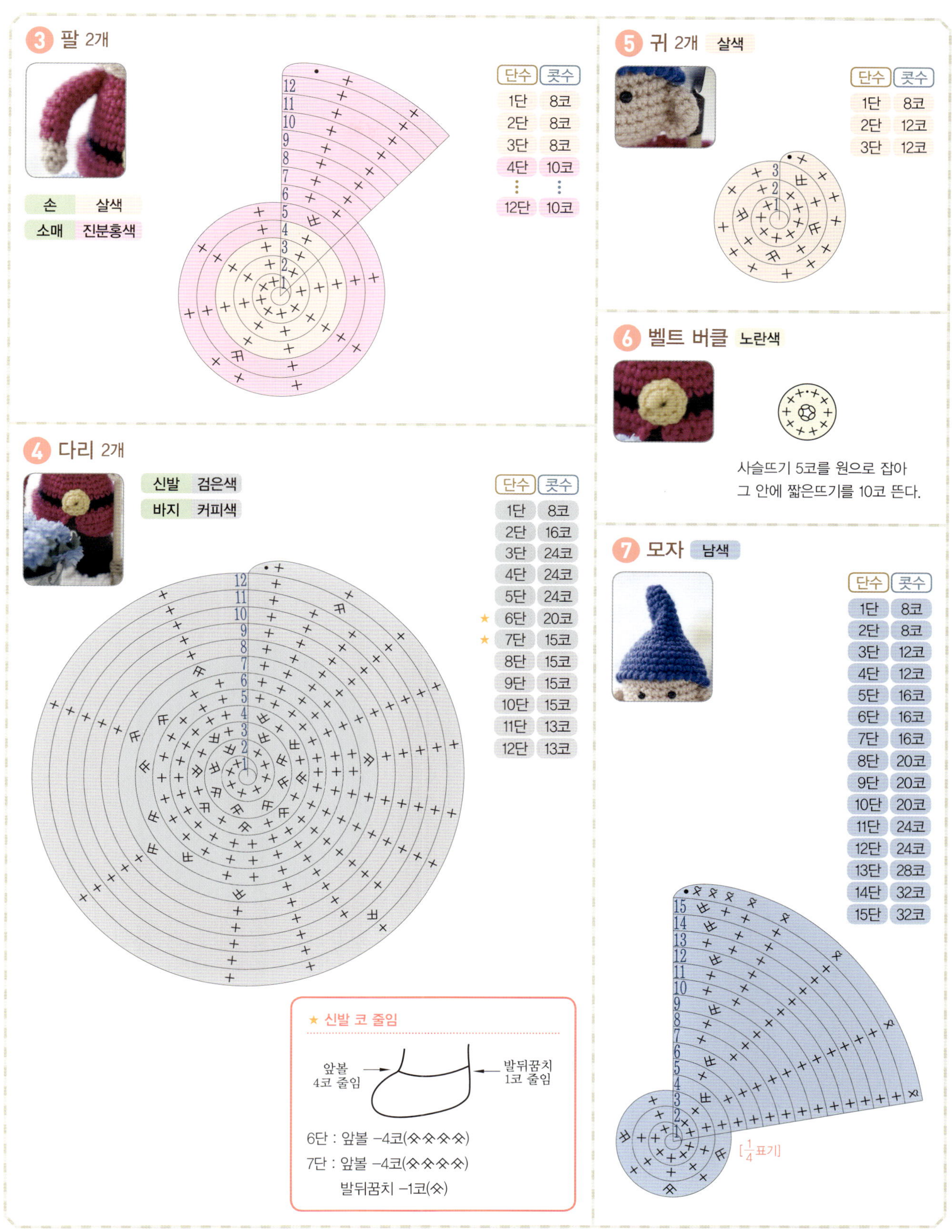

③ 팔 2개

손   살색
소매   진분홍색

단수	콧수
1단	8코
2단	8코
3단	8코
4단	10코
⋮	⋮
12단	10코

④ 다리 2개

신발   검은색
바지   커피색

단수	콧수
1단	8코
2단	16코
3단	24코
4단	24코
5단	24코
★ 6단	20코
★ 7단	15코
8단	15코
9단	15코
10단	15코
11단	13코
12단	13코

★ 신발 코 줄임

앞볼 4코 줄임   발뒤꿈치 1코 줄임

6단 : 앞볼 −4코(쏫쏫쏫쏫)

7단 : 앞볼 −4코(쏫쏫쏫쏫)

발뒤꿈치 −1코(쏫)

⑤ 귀 2개   살색

단수	콧수
1단	8코
2단	12코
3단	12코

⑥ 벨트 버클   노란색

사슬뜨기 5코를 원으로 잡아
그 안에 짧은뜨기를 10코 뜬다.

⑦ 모자   남색

단수	콧수
1단	8코
2단	8코
3단	12코
4단	12코
5단	16코
6단	16코
7단	16코
8단	20코
9단	20코
10단	20코
11단	24코
12단	24코
13단	28코
14단	32코
15단	32코

[¼ 표기]

재료

도구 코바늘 3호, 돗바늘
실 살색, 초록색, 검은색, 회색, 노란색, 보라색
부재료 4mm 콩단추 2개, 몰, 솜

만들기

① 뜨개 도안대로 얼굴, 몸, 팔, 다리, 귀, 모자 등을 뜬다.

② 몸에 코를 걸어 옷자락과 옷깃을 뜬 후 얼굴과 몸에 솜을 채워 넣고 목 부분을 감침질하여 연결한다.

③ 다리에 솜을 채우고 몸에 감침질하여 연결한다.

④ 팔에 몰을 넣고 입구를 반 접어 감친 후 몸에 감침질하여 연결한다.

⑤ 허리 벨트에 버클을 감침질하여 단다.

⑥ 귀를 반 접어 감친 후 얼굴 양옆에 감침질하여 단다(귀에는 솜을 넣지 않는다).

⑦ 얼굴에 눈을 달고 눈썹을 스티치로 표현한 후 모자를 씌워 준다.

---

① 얼굴

얼굴	살색
눈썹(스티치)	검은색

단수	콧수
1단	8코
2단	16코
3단	24코
4단	32코
⋮	⋮
10단	32코
11단	24코
12단	16코

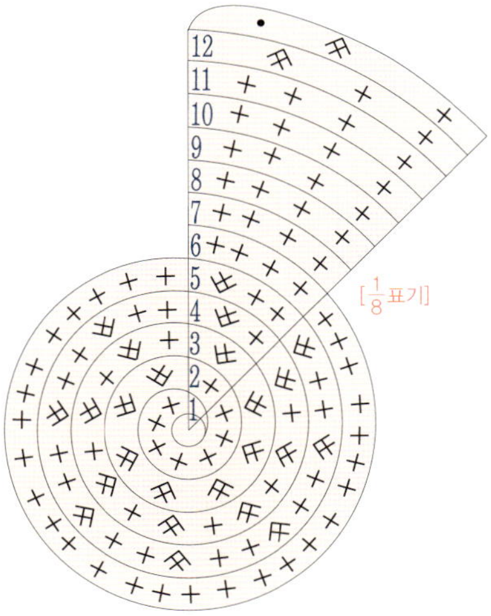

[⅛표기]

② 몸

바지	초록색
벨트	검은색
상의	회색

단수	콧수
1단	8코
2단	16코
3단	24코
4단	32코
5단	40코
6단	40코
7단	40코
8단	40코
9단	32코
⋮	⋮
12단	32코
13단	24코
14단	24코
15단	24코
16단	16코
17단	16코
18단	16코

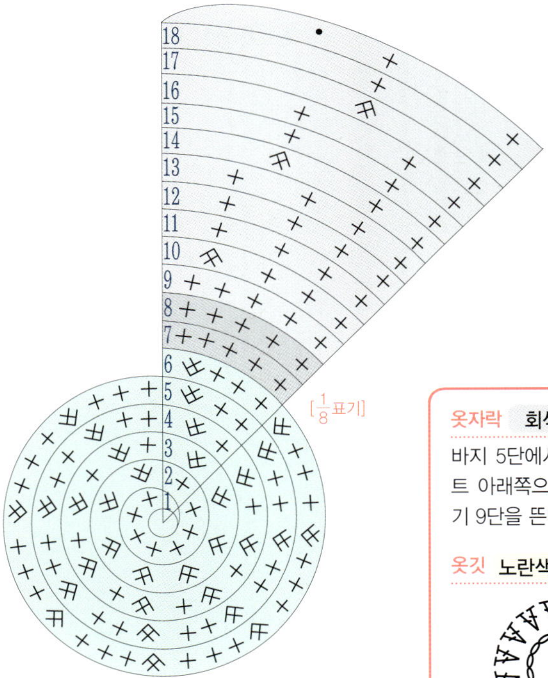

[⅛표기]

옷자락 회색

바지 5단에서 코를 걸어 벨트 아래쪽으로 38코 짧은뜨기 9단을 뜬다.

옷깃 노란색

상의 18단에 코를 걸어 뜬다.

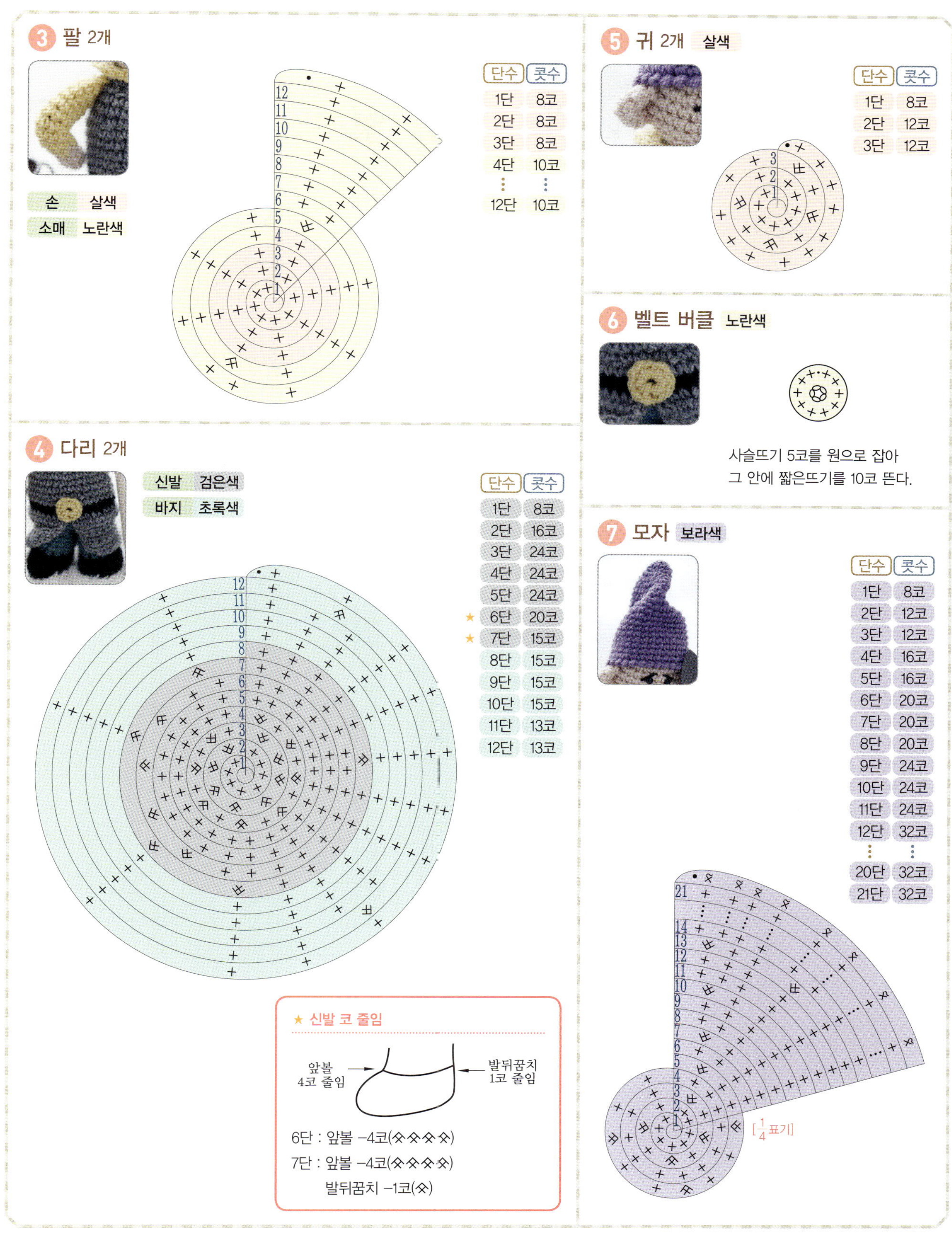

③ 팔 2개

손 **살색**
소매 **노란색**

단수	콧수
1단	8코
2단	8코
3단	8코
4단	10코
⋮	⋮
12단	10코

⑤ 귀 2개 **살색**

단수	콧수
1단	8코
2단	12코
3단	12코

⑥ 벨트 버클 **노란색**

사슬뜨기 5코를 원으로 잡아
그 안에 짧은뜨기를 10코 뜬다.

④ 다리 2개

신발 **검은색**
바지 **초록색**

단수	콧수
1단	8코
2단	16코
3단	24코
4단	24코
5단	24코
★ 6단	20코
★ 7단	15코
8단	15코
9단	15코
10단	15코
11단	13코
12단	13코

⑦ 모자 **보라색**

단수	콧수
1단	8코
2단	12코
3단	12코
4단	16코
5단	16코
6단	20코
7단	20코
8단	20코
9단	24코
10단	24코
11단	24코
12단	32코
⋮	⋮
20단	32코
21단	32코

★ **신발 코 줄임**

6단 : 앞볼 −4코(⨯⨯⨯⨯)
7단 : 앞볼 −4코(⨯⨯⨯⨯)
　　　 발뒤꿈치 −1코(⨯)

웨딩 화동

좋은 걸 어떡해!

도구 코바늘 3호, 돗바늘

실 살색, 빨간색, 커피색, 검은색, 하늘색, 흰색, 진밤색

부재료 4mm 콩단추 2개, 5mm 콩단추 2개, 몰, 솜

만들기

❶ 뜨개 도안대로 얼굴, 머리카락, 몸, 팔, 다리, 재킷 등을 뜬다.

❷ 얼굴에 솜을 채워 넣고 머리카락을 감침질하여 달아 머리를 만든다.

❸ 몸에 코를 걸어 셔츠 프릴을 뜨고 솜을 채워 넣은 후 머리와 몸의 목 부분을 감침질하여 연결한다.

❹ 다리에 솜을 채우고 몸에 감침질하여 연결한다.

❺ 팔에 코를 걸어 소맷부리를 뜨고 몰을 넣어 입구를 반 접어 감친 후 몸에 재킷을 입히고 팔을 감침질하여 연결한다.

❻ 셔츠에 보타이를, 재킷에 단추를 단다.

❼ 얼굴에 눈을 달고 입을 스티치로 표현한다.

---

❶ 얼굴

단수	콧수
1단	7코
2단	14코
3단	21코
4단	28코
⋮	⋮
10단	28코
11단	21코
12단	14코

얼굴	살색
입(스티치)	빨간색

❷ 머리카락 2개(5단까지 1개, 6단까지 1개) **커피색**

단수	콧수
1단	8코
2단	16코
3단	24코
4단	32코
5단	32코
6단	32코

머리카락

5단짜리를 먼저 자리 잡아 감쳐 달고 그 위에 6단짜리를 살짝 겹쳐 감침질하여 단다.

---

❸ 몸

바지	검은색
벨트	하늘색
셔츠	흰색

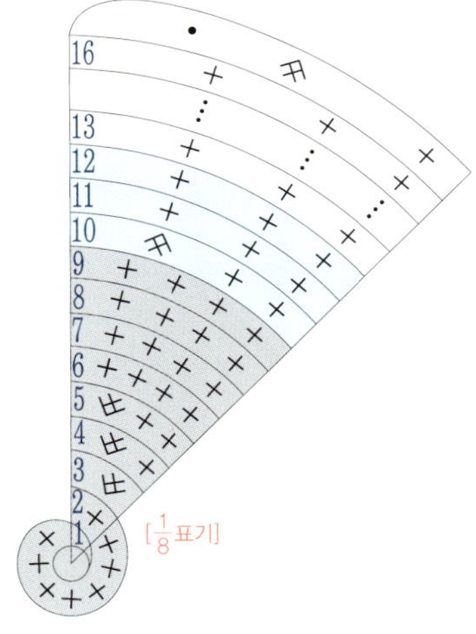

단수	콧수
1단	8코
2단	16코
3단	24코
4단	32코
5단	32코
⋮	⋮
8단	32코
9단	24코
10단	24코
11단	24코
12단	24코
⋮	⋮
15단	24코
16단	16코

셔츠 프릴	흰색	보타이	하늘색

사슬뜨기를 20코 뜬다.

④ 팔 2개

단수	콧수
1단	8코
⋮	⋮
5단	8코
6단	10코
⋮	⋮
13단	10코
14단	10코
15단	8코

손	살색
소매	흰색

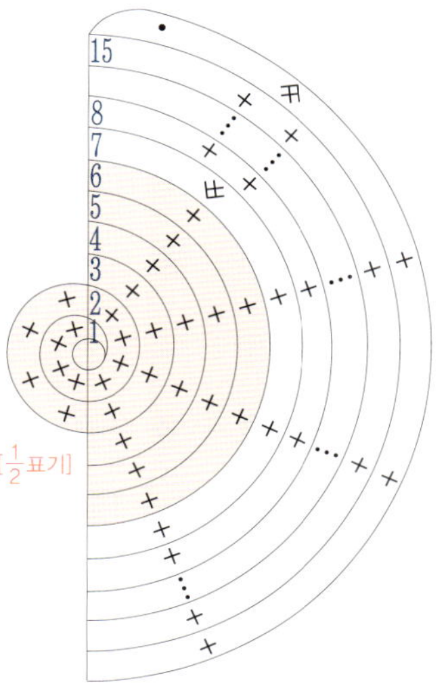

소맷부리 흰색

소매 6단에서 코를 걸어 아래쪽으로 10코 짧은뜨기 2단을 뜬다.

⑤ 다리 2개

단수	콧수
1단	8코
2단	16코
3단	24코
4단	24코
5단	24코
★ 6단	17코
★ 7단	13코
8단	13코
⋮	⋮
18단	13코

신발	진밤색
바지	검은색

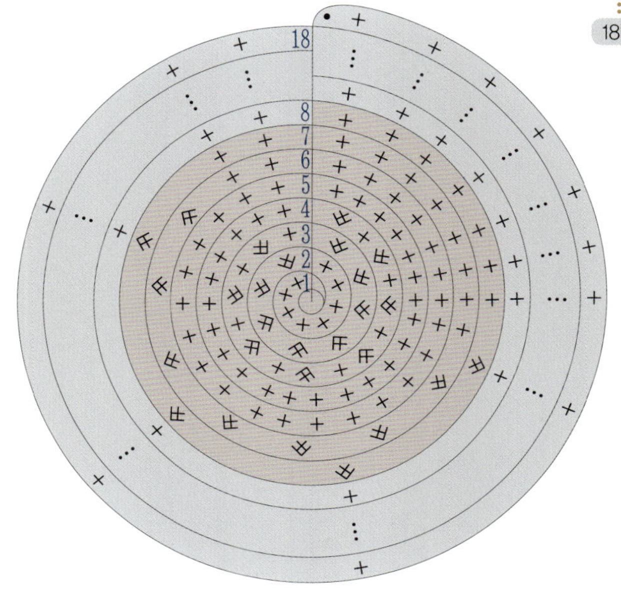

★ 신발 코 줄임

6단 : 앞볼 −7코(⩗⩗⩗⩗⩗⩗⩗)

7단 : 앞볼 −4코(⩗⩗⩗⩗)

⑥ 재킷 흰색

단수	콧수
1단	34코
2단	34코
3단	34코
4단	34코
5단	34코
6단	28코
7단	28코
8단	28코
9단	21코
10단	21코
11단	21코
12단	21코

재료

도구 코바늘 3호, 돗바늘
실 살색, 빨간색, 진팥색, 흰색, 분홍색, 연분홍색
부재료 4mm 콩단추 2개, 큐빅 3개, 부케 1개, 몰, 솜

만들기

1. 뜨개 도안대로 얼굴, 머리카락, 몸, 팔, 다리 등을 뜬다.
2. 얼굴에 솜을 채워 넣고 머리카락을 감침질하여 달아 머리를 만든다(머리카락②에만 솜을 넣는다).
3. 몸에 코를 걸어 치마를 뜬 후 솜을 채워 넣고 머리와 몸의 목 부분을 감침질하여 연결한다.
4. 다리에 솜을 채우고 몸에 감침질하여 연결한다.
5. 팔에 몰을 넣고 입구를 반 접어 감친 후 몸에 감침질하여 연결한다.
6. 상의에 코를 걸어 프릴을 뜨고, 허리에 허리끈을 둘러 리본을 묶는다.
7. 얼굴에 눈을 달고 입을 스티치로 표현한 후 머리카락에 큐빅을 붙인다.
8. 부케를 양손에 홈질로 단다.

---

❶ 얼굴

단수	콧수
1단	7코
2단	14코
3단	21코
4단	28코
⋮	⋮
10단	28코
11단	21코
12단	14코

얼굴	살색
입(스티치)	빨간색

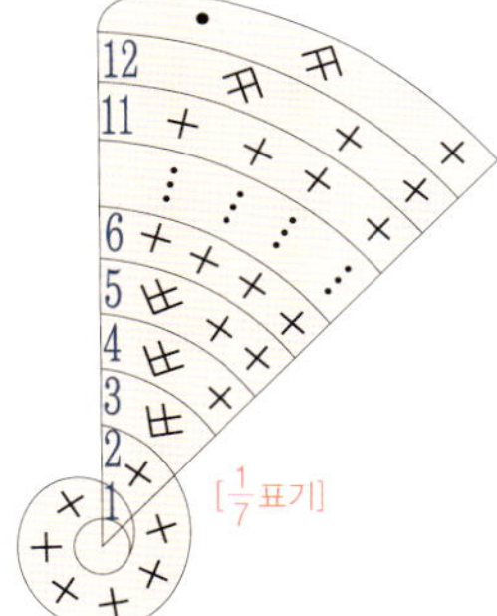

❷ 머리카락① 2개 진팥색

단수	콧수
1단	8코
2단	16코
3단	24코
4단	32코
5단	32코

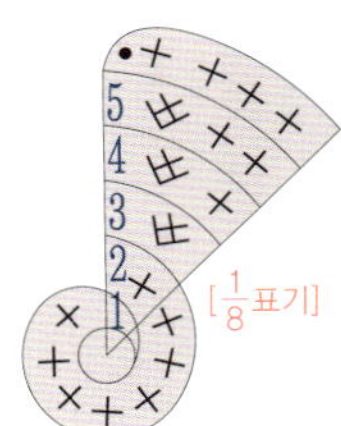

머리카락

❸ 머리카락② 진팥색

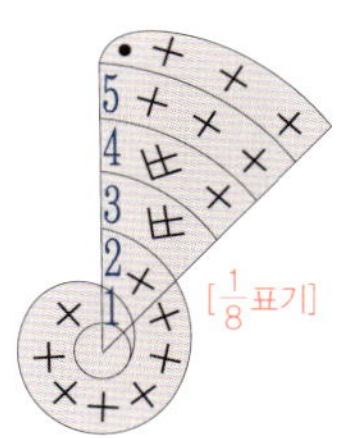

단수	콧수
1단	8코
2단	16코
3단	24코
4단	24코
5단	24코

뒷머리

얼굴에 머리카락을 감침질하여 연결한 후 머리카락② 아래쪽에 코를 걸어 사슬뜨기 10코를 뜨고 짧은뜨기 1단을 뜬다. 바로 옆 코에 반복하여 나란히 3가닥을 만든다.

❹ 몸

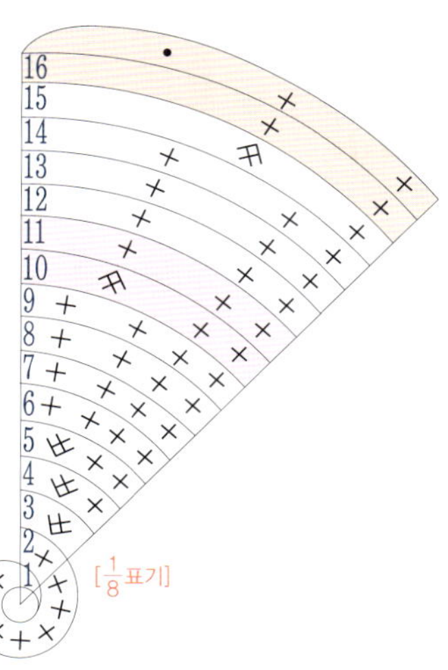

속바지	흰색
벨트	연분홍색
상의	흰색
목	살색

$[\frac{1}{8}표기]$

단수	콧수
1단	8코
2단	16코
3단	24코
4단	32코
⋮	⋮
8단	32코
9단	24코
10단	24코
11단	24코
12단	24코
13단	24코
14단	16코
15단	16코
16단	16코

치마 분홍색

1. 9단에서 30코(+++⋈)
2. 10단 30코
3. 11단 45코(+⋈)
4. 12단 45코
5. 13단 45코
6. 14단 45코
7. 15단 60코(++⋈)
8. 16단 60코
9. 17단 60코
10. 18단 60코
11. 19단(치마 프릴)

치마 프릴 분홍색

상의 프릴 흰색

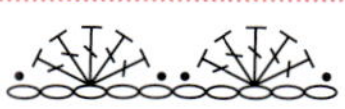

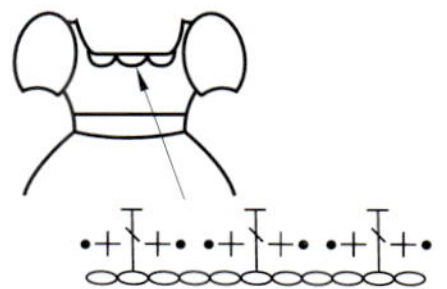

상의 14단에 코를 걸어 뜬다.

허리끈 연분홍색

사슬뜨기를 70코 뜬 후 짧은뜨기를 1단 뜬다.

❺ 팔 2개

손	살색
소매	흰색

단수	콧수
1단	8코
⋮	⋮
9단	8코
10단	8코
11단	16코
⋮	⋮
14단	16코
15단	8코

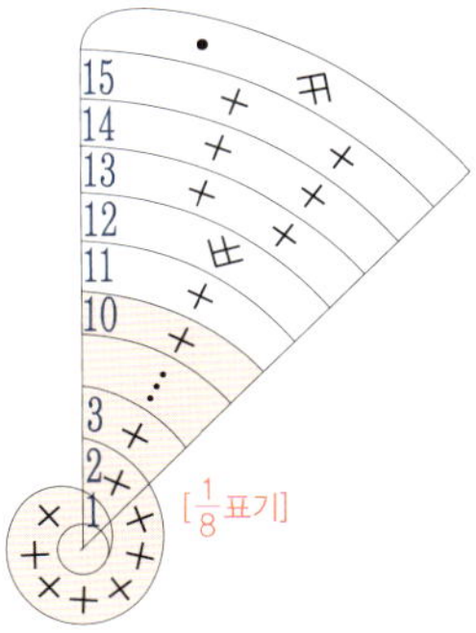

$[\frac{1}{8}표기]$

❻ 다리 2개

신발	연분홍색
다리	살색
속바지	흰색

단수	콧수
1단	8코
2단	16코
3단	24코
4단	24코
5단	24코
★ 6단	17코
★ 7단	12코
8단	10코
⋮	⋮
16단	10코
17단	15코
18단	15코

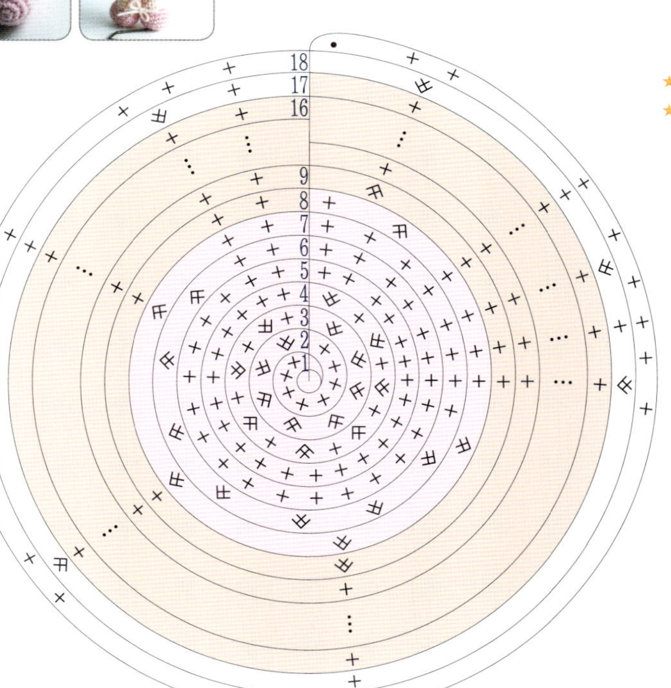

★ 신발 코 줄임

6단 : 앞볼 −7코(⋈⋈⋈⋈⋈⋈⋈)

7단 : 앞볼 −4코(⋈⋈⋈⋈)

❼ 부케 흰색

사슬뜨기 30코씩 3가닥을 떠서 부케 아래 달아 준다.

웨딩
영원히 기억될 그날.

재료 **도구** 코바늘 3호, 돗바늘

실 살색, 빨간색, 커피색, 검은색, 흰색, 진밤색

부재료 4mm 콩단추 2개, 5mm 콩단추 4개, 보타이 모양 단추 1개, 몰, 솜

만들기

❶ 뜨개 도안대로 얼굴, 머리카락, 몸, 팔, 다리, 턱시도 등을 뜬다.

❷ 얼굴에 솜을 채워 넣고 머리카락을 감침질하여 달아 머리를 만든다.

❸ 몸에 코를 걸어 셔츠 프릴과 셔츠 깃을 뜨고 솜을 채워 넣은 후 머리와 몸의 목 부분을 감침질 하여 연결한다.

❹ 다리에 솜을 채우고 몸에 감침질하여 연결한다.

❺ 팔에 코를 걸어 소맷부리를 뜨고 몰을 넣어 입구를 반 접어 감친 후 턱시도를 몸에 입히고 팔을 감침질하여 단다(몸에 팔을 연결할 때 턱시도와 몸을 같이 꿰맨다).

❻ 재킷 앞뒤로 단추를 달고 셔츠 프릴에 보타이 모양 단추를 단다.

❼ 얼굴에 눈을 달고 입을 스티치로 표현한다.

---

❶ 얼굴

단수	콧수
1단	8코
2단	16코
3단	24코
4단	32코
⋮	⋮
10단	32코
11단	24코
12단	16코

얼굴	살색
입(스티치)	빨간색

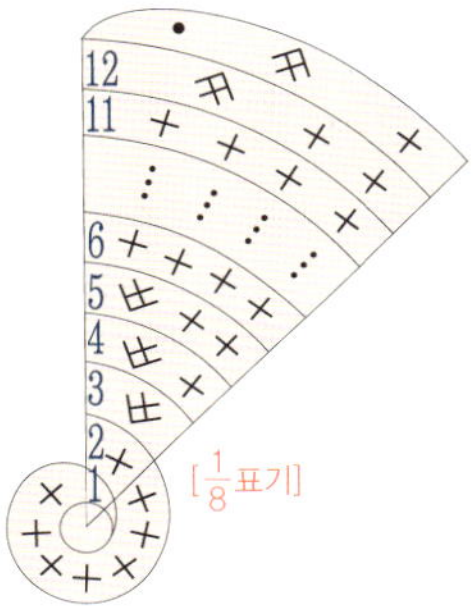

[⅛ 표기]

❷ 머리카락① 커피색

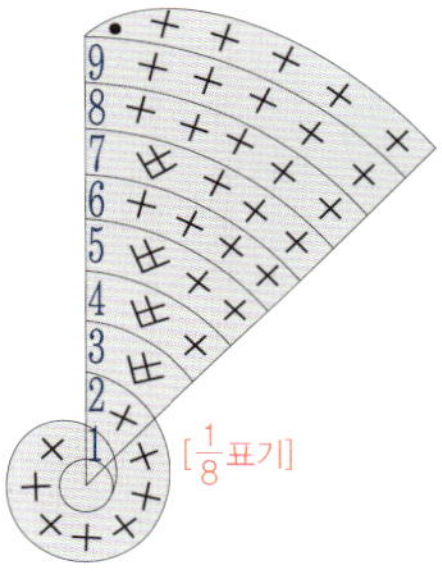

단수	콧수
1단	8코
2단	16코
3단	24코
4단	32코
5단	32코
6단	40코
⋮	⋮
9단	40코

머리카락

[⅛ 표기]

❸ 머리카락② 커피색

단수	콧수
1단	8코
2단	16코
3단	24코
4단	24코

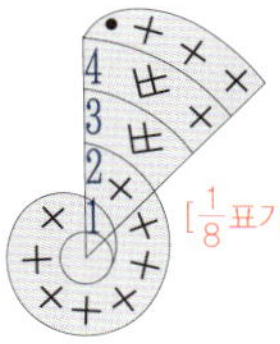

[⅛ 표기]

❹ 몸

바지	검은색
벨트	빨간색
셔츠	흰색
목	살색

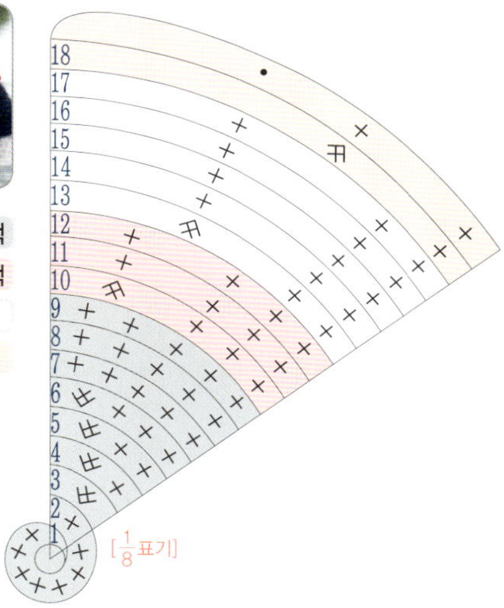

단수	콧수
1단	8코
2단	16코
3단	24코
4단	32코
5단	40코
⋮	⋮
8단	40코
9단	32코
10단	32코
11단	32코
12단	24코
⋮	⋮
16단	24코
17단	16코
18단	16코

[⅛ 표기]

셔츠 프릴 흰색

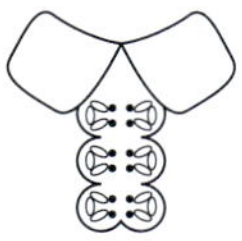

셔츠 깃 흰색

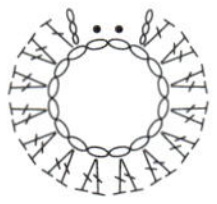

목 18단에 뜬다.

⑤ 팔 2개

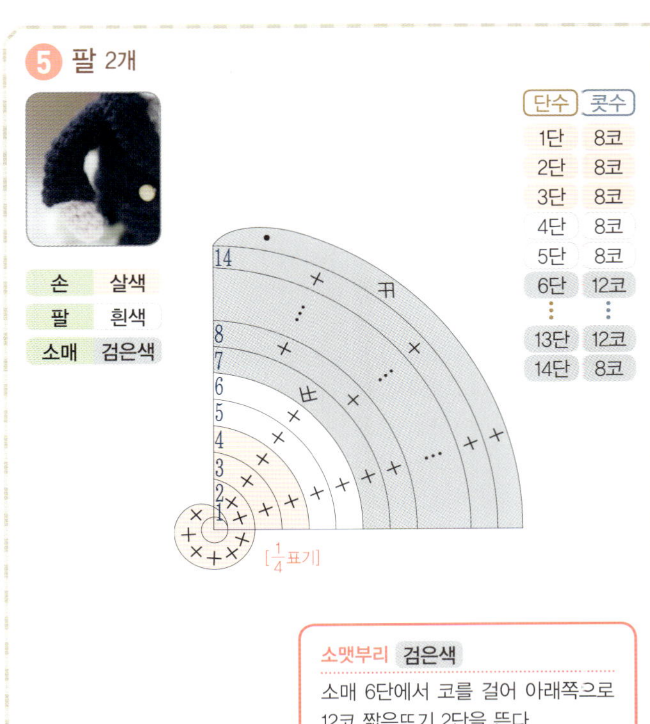

손	살색
팔	흰색
소매	검은색

단수	콧수
1단	8코
2단	8코
3단	8코
4단	8코
5단	8코
6단	12코
⋮	⋮
13단	12코
14단	8코

[¼ 표기]

소맷부리 검은색

소매 6단에서 코를 걸어 아래쪽으로
12코 짧은뜨기 2단을 뜬다.

⑦ 턱시도 검은색

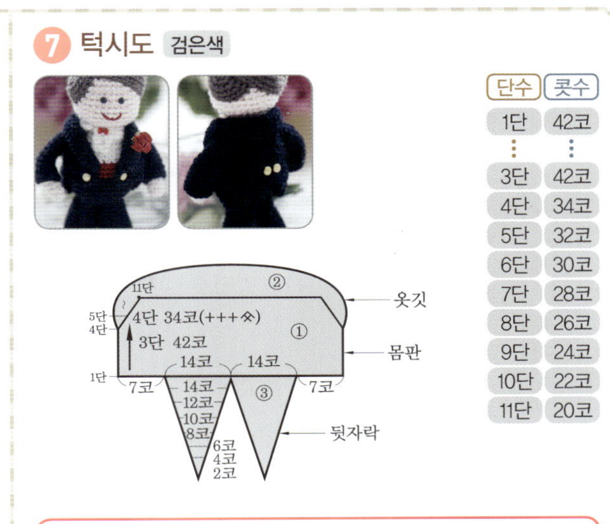

단수	콧수
1단	42코
⋮	⋮
3단	42코
4단	34코
5단	32코
6단	30코
7단	28코
8단	26코
9단	24코
10단	22코
11단	20코

턱시도

1~11단까지 ① 몸판을 뜨고 4단에 코를 걸어 위쪽으로 ② 옷깃을
뜬 후 다시 1단에 코를 걸어 아래쪽 양옆으로 ③ 뒷자락을 뜬다.

옷깃

36코 짧은뜨기 2단을 뜬 후 가장자리를 빼짧은뜨기한다.

⑥ 다리 2개

신발	진밤색
바지	검은색

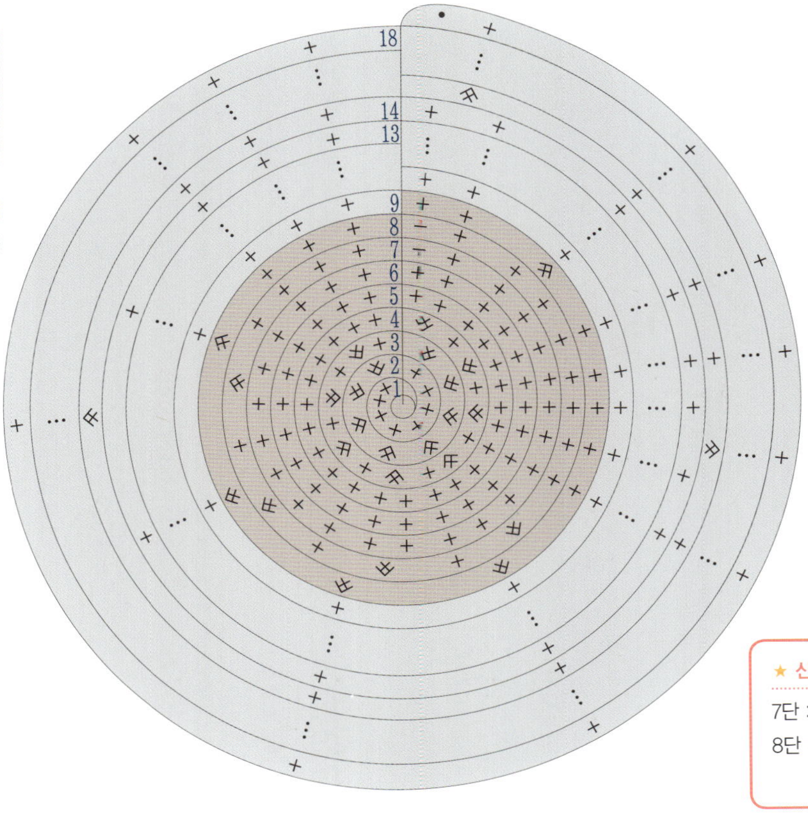

단수	콧수
1단	8코
2단	16코
3단	24코
⋮	⋮
6단	24코
★ 7단	20코
★ 8단	15코
9단	15코
⋮	⋮
13단	15코
14단	12코
⋮	⋮
18단	12코

★ 신발 코 줄임

7단 : 앞볼 −4코(⊗+⊗+⊗+⊗+)

8단 : 앞볼 −4코(⊗⊗⊗⊗)

발뒤꿈치 −1코(⊗)

웨딩드레스

소요 시간 4시간

크기 18cm

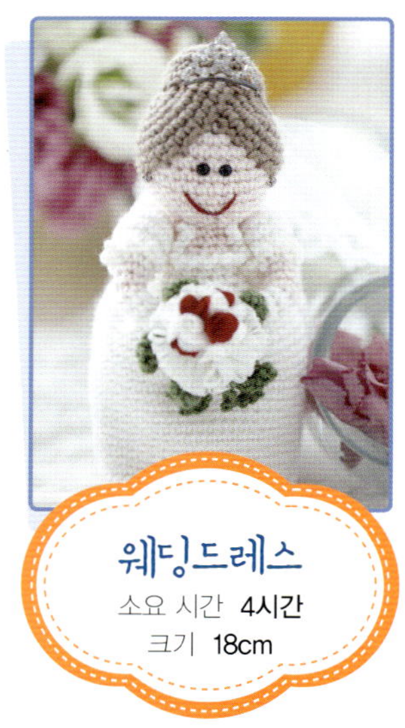

재료

도구 코바늘 3호, 돗바늘

실 살색, 빨간색, 연밤색, 흰색, 연두색

부재료 4mm 콩단추 2개, 왕관 1개, 큐빅 2개, 부케 1개, 망사 9cm 폭 20cm, 몰, 솜

만들기

1. 뜨개 도안대로 얼굴, 머리카락, 몸, 팔, 다리 등을 뜬다.
2. 얼굴에 솜을 채워 넣고 머리카락을 감침질하여 달아 머리를 만든다(머리카락②에만 솜을 넣는다).
3. 몸에 코를 걸어 치마와 상의 프릴을 뜨고 솜을 채워 넣은 후 머리와 몸의 목 부분을 감침질하여 연결한다.
4. 다리 속바지에 코를 걸어 프릴을 뜨고 솜을 채워 넣은 후 몸에 감침질하여 연결한다.
5. 팔에 코를 걸어 소매 프릴을 뜨고 몰을 넣어 입구를 반 접어 감친 후 몸에 감침질하여 연결한다.
6. 뒤허리에 리본을 달고, 면사포용 망사 윗부분을 홈질하여 잡아당긴 후 올린 머리 뒷부분에 홈질로 단다.
7. 얼굴에 눈을 달고 입을 스티치로 표현한다.
8. 귀 자리에 큐빅을 귀고리로 장식하고 머리 중앙에 왕관을 씌운다.
9. 부케를 양손에 홈질로 단다.

① 얼굴

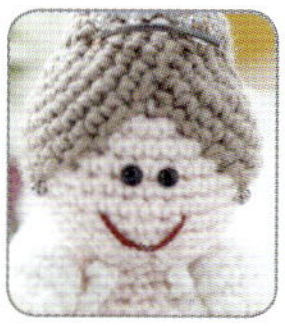

얼굴	살색
입(스티치)	빨간색

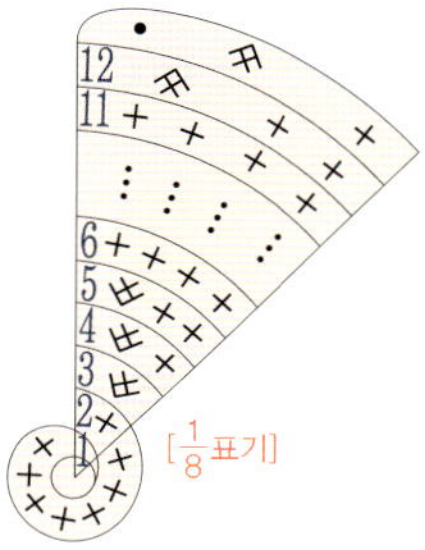

[1/8표기]

단수	콧수
1단	8코
2단	16코
3단	24코
4단	32코
⋮	⋮
10단	32코
11단	24코
12단	16코

② 머리카락① 2개(5단까지 1개, 6단까지 1개) 연밤색

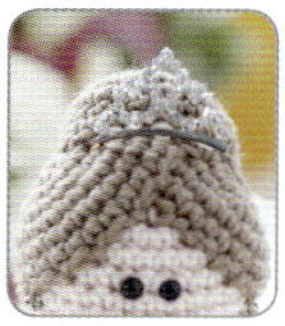

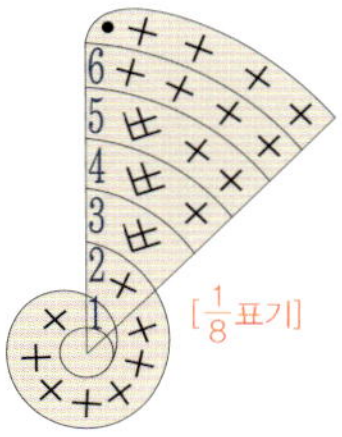

[1/8표기]

단수	콧수
1단	8코
2단	16코
3단	24코
4단	32코
5단	32코
6단	32코

③ 머리카락② 연밤색

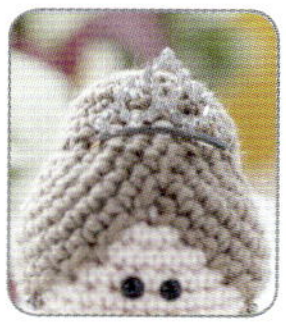

단수	콧수
1단	8코
2단	16코
3단	24코
⋮	⋮
6단	24코

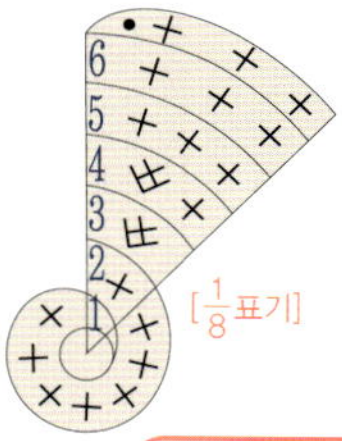

[1/8표기]

머리카락

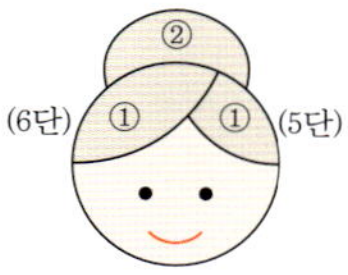

②
①
①
(6단)
(5단)

④ 팔 2개

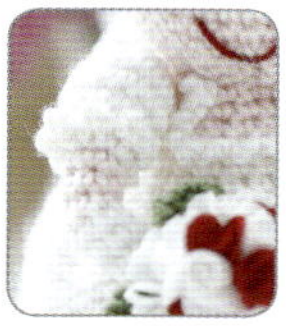

장갑	흰색
팔	살색
소매	흰색

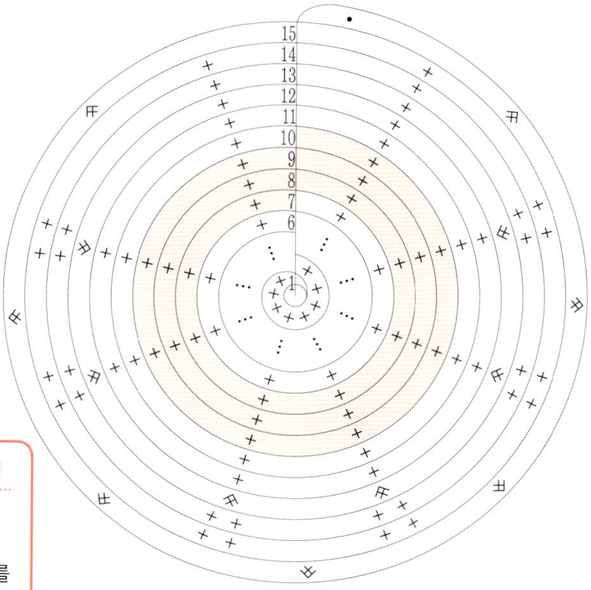

단수	콧수
1단	8코
⋮	⋮
6단	8코
7단	8코
8단	8코
9단	8코
10단	8코
11단	8코
12단	14코
13단	14코
14단	14코
15단	7코

소매 프릴 흰색

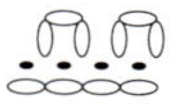

소매 10단에서 코를 걸어 프릴을 뜬다.

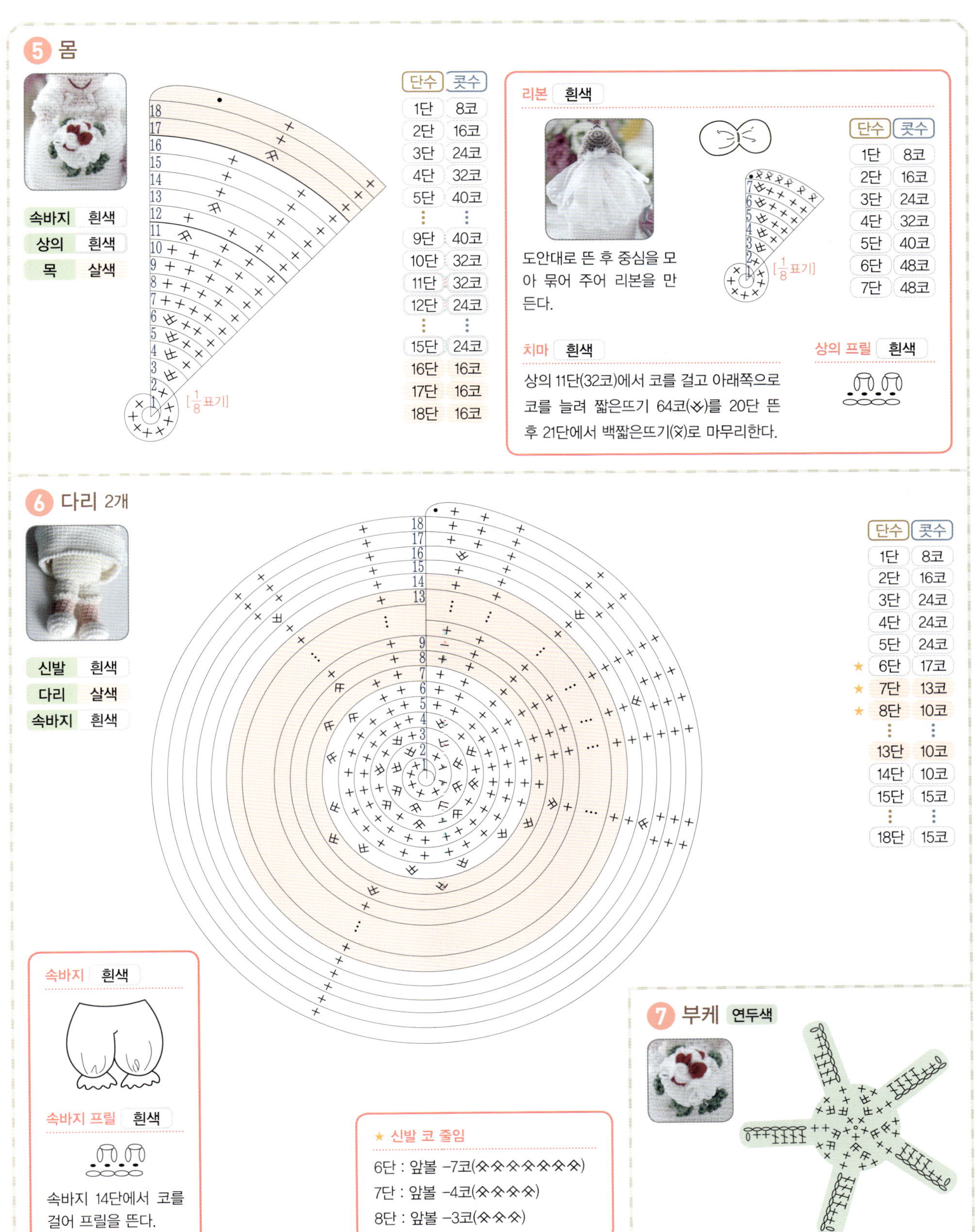

⑤ 몸

속바지	흰색
상의	흰색
목	살색

단수	콧수
1단	8코
2단	16코
3단	24코
4단	32코
5단	40코
⋮	⋮
9단	40코
10단	32코
11단	32코
12단	24코
⋮	⋮
15단	24코
16단	16코
17단	16코
18단	16코

$[\frac{1}{8}$표기]

리본 [흰색]

도안대로 뜬 후 중심을 모아 묶어 주어 리본을 만든다.

단수	콧수
1단	8코
2단	16코
3단	24코
4단	32코
5단	40코
6단	48코
7단	48코

$[\frac{1}{8}$표기]

치마 [흰색]

상의 11단(32코)에서 코를 걸고 아래쪽으로 코를 늘려 짧은뜨기 64코(✕)를 20단 뜬 후 21단에서 백짧은뜨기(✕)로 마무리한다.

상의 프릴 [흰색]

⑥ 다리 2개

신발	흰색
다리	살색
속바지	흰색

단수	콧수
1단	8코
2단	16코
3단	24코
4단	24코
5단	24코
★ 6단	17코
★ 7단	13코
★ 8단	10코
⋮	⋮
13단	10코
14단	10코
15단	15코
⋮	⋮
18단	15코

속바지 [흰색]

속바지 프릴 [흰색]

속바지 14단에서 코를 걸어 프릴을 뜬다.

★ 신발 코 줄임

6단 : 앞볼 −7코(✕✕✕✕✕✕✕)

7단 : 앞볼 −4코(✕✕✕✕)

8단 : 앞볼 −3코(✕✕✕)

⑦ 부케 [연두색]

발레리나

멋진 공연을 위해 거울 앞에서
피나는 노력을 하는 발레리나,
토슈즈를 점검하고
머리를 가다듬고….

발레리나
소요 시간 **2시간(각각)**
크기 **19.5cm**

재료

도구 코바늘 3호, 돗바늘

실 살색, 빨간색, 진밤색, 커피색, 검은색, 진팥색, 흰색, 연두색, 노란색, 연분홍색 등

부재료 4mm 콩단추 8개(4명분), 큐빅 22개, 몰, 솜

만들기

① 뜨개 도안대로 얼굴, 머리카락, 몸, 팔, 다리 등을 뜬다.

② 얼굴에 솜을 채워 넣고 머리카락을 감침질하여 달아 머리를 만든다(머리카락②와 ③에 솜을 넣는다).

③ 몸에 코를 걸어 위아래로 치마를 뜨고 솜을 채워 넣은 후 머리와 몸의 목 부분을 감침질하여 연결한다.

④ 다리 속바지에 코를 걸어 프릴을 뜨고 솜을 채워 넣은 후 몸에 감침질하여 연결한다(앉은 자세를 만들 때는 다리를 몸 앞쪽에 달아 준다).

⑤ 팔에 몰을 넣어 입구를 반 접어 감친 후 몸에 감침질하여 연결한다.

⑥ 얼굴에 눈을 달고 입을 스티치로 표현한다.

⑦ 머리에 큐빅을 달아 장식하고, 머리끈으로 리본을 만들어 뒷머리에 달아 준다.

⑧ 토슈즈끈을 그림과 같은 모양으로 끼운다. 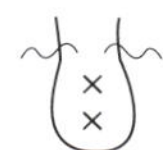

---

❶ 얼굴

단수	콧수
1단	8코
2단	16코
3단	24코
4단	32코
⋮	⋮
10단	32코
11단	24코
12단	16코

얼굴	살색
입(스티치)	빨간색

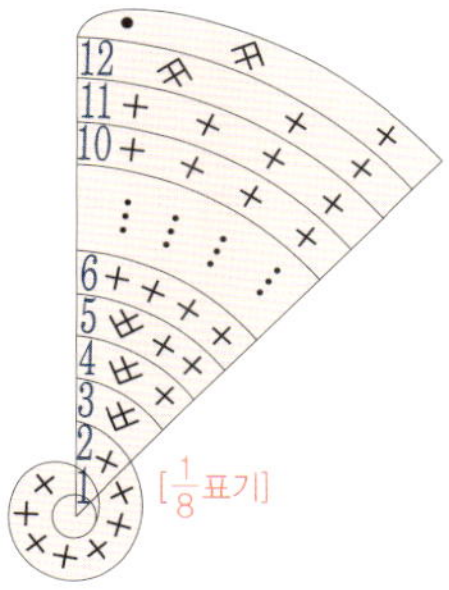

$[\frac{1}{8}$표기$]$

---

❷ 머리카락① 2개

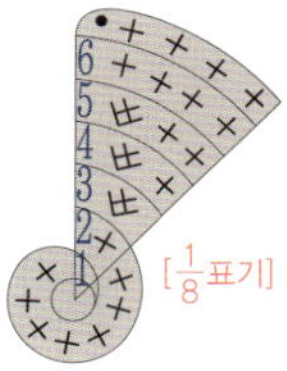

단수	콧수
1단	8코
2단	16코
3단	24코
4단	32코
5단	32코
6단	32코

$[\frac{1}{8}$표기$]$

연두옷	진밤색
노란옷	커피색
연분홍옷	진팥색
흰옷	검은색

---

❸ 머리카락②

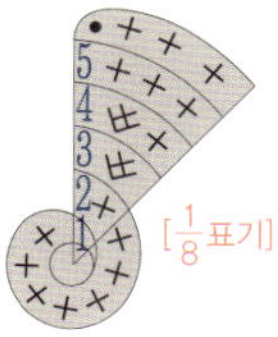

단수	콧수
1단	8코
2단	16코
3단	24코
4단	24코
5단	24코

$[\frac{1}{8}$표기$]$

연두옷	진밤색
노란옷	커피색
연분홍옷	진팥색

머리카락

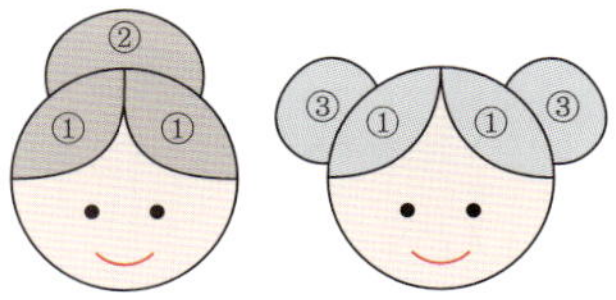

머리끈 **각자 옷색**

사슬뜨기 55코를 길게 2줄 뜬 후 2개를 나란히 잡아 리본을 만든다.

❹ 머리카락③ 2개

흰옷　검은색

단수	콧수
1단	7코
2단	14코
3단	14코
4단	14코

[$\frac{1}{7}$표기]

❺ 팔 2개　살색

단수	콧수
1단	8코
⋮	⋮
15단	8코

[$\frac{1}{8}$표기]

❻ 몸

속바지	흰색
연두옷 상의	연두색
목	살색

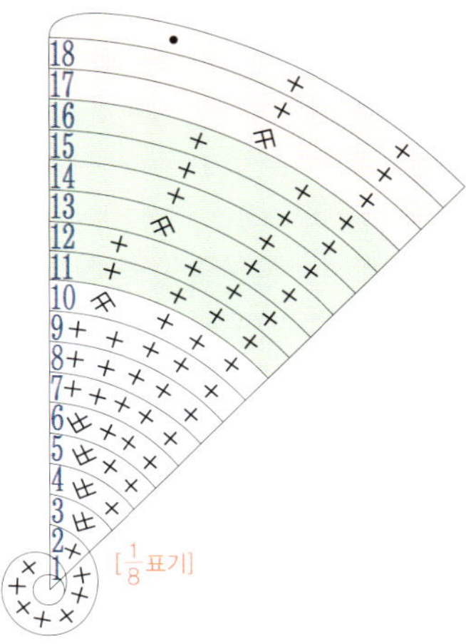

단수	콧수
1단	8코
2단	16코
3단	24코
4단	32코
5단	40코
⋮	⋮
8단	40코
9단	32코
10단	32코
11단	32코
12단	24코
⋮	⋮
15단	24코
16단	16코
17단	16코
18단	16코

[$\frac{1}{8}$표기]

노란옷 상의　노란색

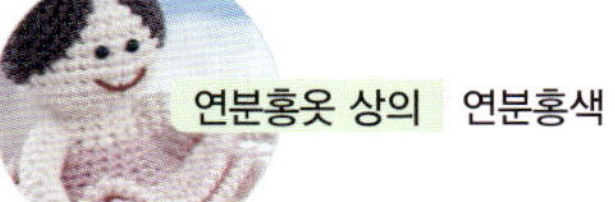

흰옷 상의　흰색

연분홍옷 상의　연분홍색

치마

연두옷　반짝이 섞인 연한 연두색

노란옷　반짝이 섞인 연노란색

흰옷　반짝이 섞인 흰색

연분홍옷　반짝이 섞인 연분홍색

치마 아랫단

속바지 9단(32코)에서 코를 걸고 아래쪽으로 코를 늘려 짧은뜨기 64코(✕)를 2단 뜬 후 다시 코를 늘려 96코(+✕)를 3단 뜨고 둘레를 백짧은뜨기로 마무리한다.

치마 윗단

상의 10단(32코)에서 코를 걸고 아래쪽으로 코를 늘려 짧은뜨기 64코(✕)를 2단 뜬 후 다시 코를 늘려 96코(+✕)를 2단 뜨고 둘레를 백짧은뜨기로 마무리한다.

⑦ 다리 2개

연두옷 신발	반짝이 섞인 연한 연두색
다리	살색
속바지	흰색
신발끈	연두색

단수	콧수
1단	8코
2단	16코
3단	24코
4단	24코
5단	24코
★ 6단	17코
★ 7단	13코
★ 8단	10코
⋮	⋮
15단	10코
16단	15코
17단	15코
18단	15코

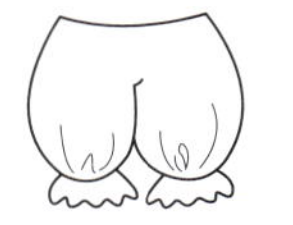

속바지 흰색

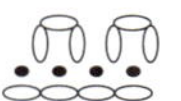

속바지 프릴 흰색

다리 15단에서 코를 걸어
프릴을 뜬다.

★ **신발 코 줄임**

6단 : 앞볼 −7코(☆☆☆☆☆☆☆)

7단 : 앞볼 −4코(☆☆☆☆)

8단 : 앞볼 −3코(☆☆☆)

노란옷 신발	반짝이 섞인 연노란색
신발끈	노란색

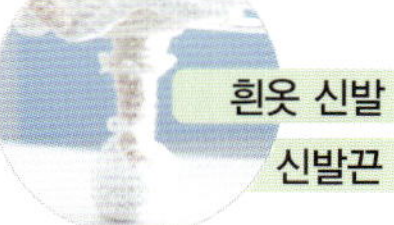

흰옷 신발	반짝이 섞인 흰색
신발끈	흰색

연분홍옷 신발	반짝이 섞인 연분홍색
신발끈	연분홍색

경찰관
오늘도
우리의 안전을 책임지시는
멋진 경찰관님들.

재료

도구 코바늘 3호, 돗바늘

실 살색, 빨간색, 진밤색, 파란색, 흰색, 하늘색, 검은색, 노란색

부재료 4mm 콩단추 2개, 몰, 솜

만들기

① 뜨개 도안대로 얼굴, 머리카락, 몸, 팔, 다리, 모자 등을 뜬다.

② 얼굴에 솜을 채워 넣고 머리카락을 감침질하여 달아 머리를 만든다.

③ 몸에 코를 걸어 옷깃을 뜨고 솜을 채워 넣은 후 머리와 몸의 목 부분을 감침질하여 연결하고 벨트 고리와 넥타이를 단다.

④ 다리에 솜을 채우고 몸에 감침질하여 연결한다.

⑤ 팔에 코를 걸어 소맷부리를 뜨고 몰을 넣어 입구를 반 접어 감친 후 몸에 감침질하여 연결한다.

⑥ 얼굴에 눈을 달고 입을 스티치로 표현한다.

⑦ 모자를 씌운다.

---

① 얼굴

얼굴	살색
입(스티치)	빨간색

단수	콧수
1단	8코
2단	16코
3단	24코
4단	32코
⋮	⋮
10단	32코
11단	24코
12단	16코

[⅛표기]

② 머리카락 2개 (5단까지 1개, 6단까지 1개) **진밤색**

단수	콧수
1단	8코
2단	16코
3단	24코
4단	32코
5단	32코
6단	32코

[⅛표기]

머리카락

5단짜리를 먼저 자리잡아 감쳐 달고 그 위에 6단짜리를 살짝 겹쳐 감침질하여 단다.

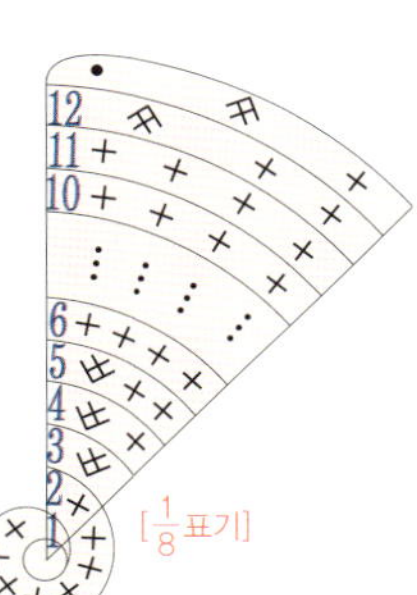

③ 몸

바지	파란색
벨트	흰색
상의	하늘색

단수	콧수
1단	8코
2단	16코
3단	24코
4단	32코
5단	40코
⋮	⋮
8단	40코
9단	32코
10단	32코
11단	32코
12단	24코
⋮	⋮
15단	24코
16단	16코
17단	16코
18단	16코

[⅛표기]

옷깃 하늘색

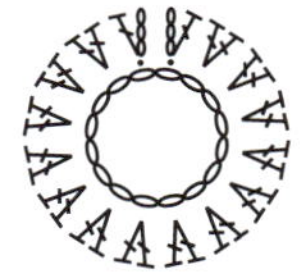

상의 18단에 코를 걸어 뜬다.

벨트 고리 2개 파란색

바지 앞쪽 8단 가장자리에서 코를 걸어 사슬뜨기 4코를 뜬 후 상의 11단에 수직으로 위치한 코에 걸어 빼뜨기하고 남은 실은 안쪽으로 빼서 정리한다.

넥타이 파란색

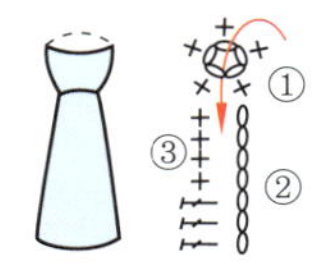

① 사슬뜨기 5코를 원으로 만들고 짧은뜨기를 1단 뜬다.

② 사슬뜨기 7코를 뜬 후 1길 긴뜨기를 3코 뜬다.

③ ②에 이어 짧은뜨기를 4코 뜬 후 ①의 원 안으로 넣어 빼낸다.

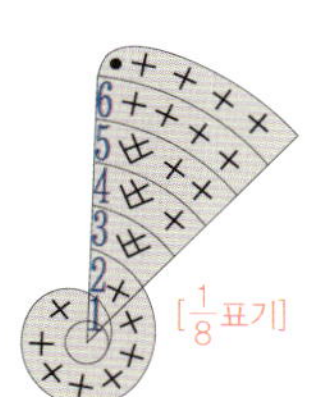

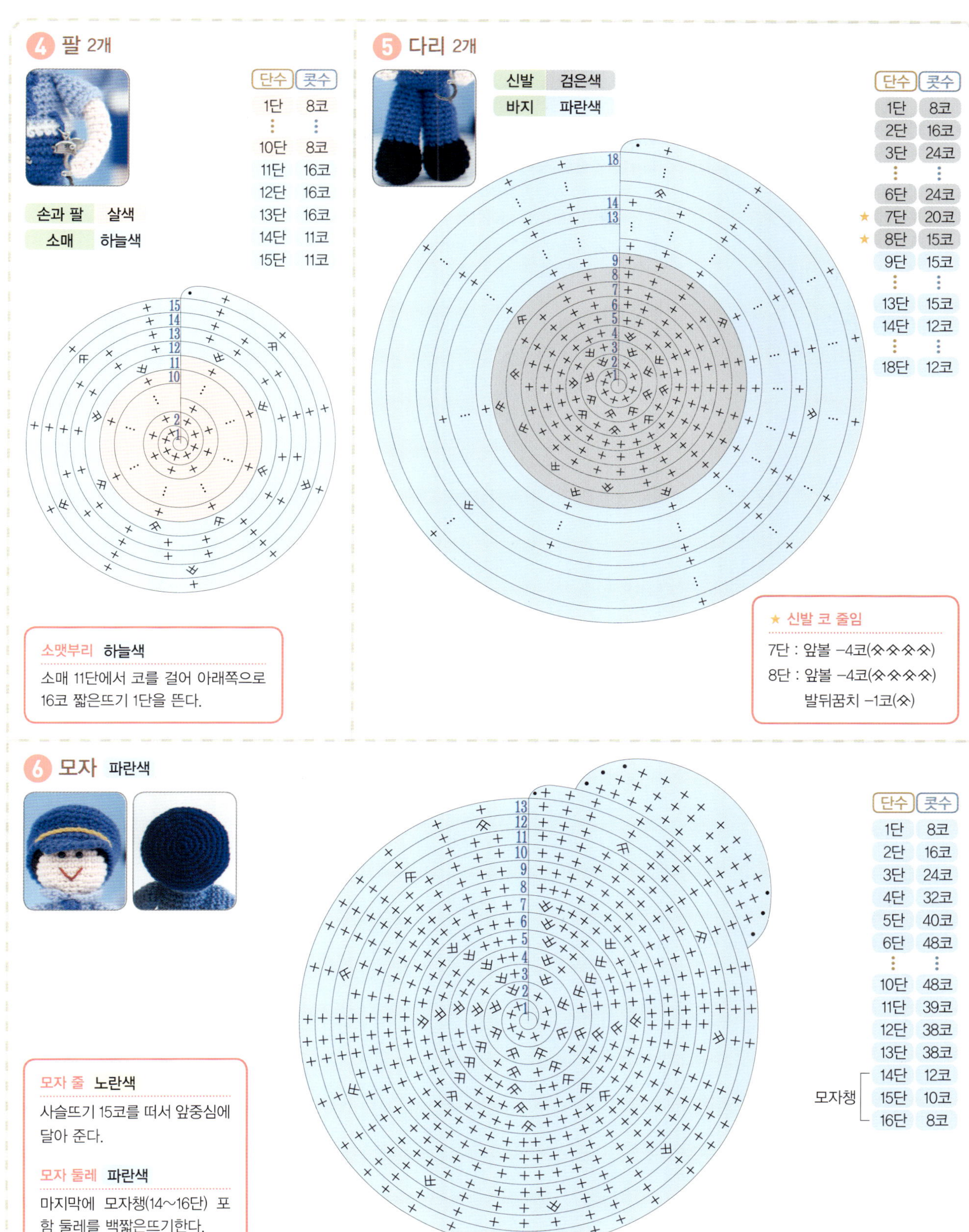

❹ 팔 2개

손과 팔 **살색**
소매 **하늘색**

단수	콧수
1단	8코
⋮	⋮
10단	8코
11단	16코
12단	16코
13단	16코
14단	11코
15단	11코

소맷부리 하늘색
소매 11단에서 코를 걸어 아래쪽으로 16코 짧은뜨기 1단을 뜬다.

❺ 다리 2개

신발 **검은색**
바지 **파란색**

단수	콧수
1단	8코
2단	16코
3단	24코
⋮	⋮
6단	24코
★ 7단	20코
★ 8단	15코
9단	15코
⋮	⋮
13단	15코
14단	12코
⋮	⋮
18단	12코

★ 신발 코 줄임
7단 : 앞볼 −4코(⋏⋏⋏⋏)
8단 : 앞볼 −4코(⋏⋏⋏⋏)
발뒤꿈치 −1코(⋏)

❻ 모자 파란색

단수	콧수
1단	8코
2단	16코
3단	24코
4단	32코
5단	40코
6단	48코
⋮	⋮
10단	48코
11단	39코
12단	38코
13단	38코
모자챙 14단	12코
15단	10코
16단	8코

모자 줄 노란색
사슬뜨기 15코를 떠서 앞중심에 달아 준다.

모자 둘레 파란색
마지막에 모자챙(14~16단) 포함 둘레를 백짧은뜨기한다.

재료

도구 코바늘 3호, 돗바늘

실 살색, 빨간색, 진밤색, 흰색, 하늘색, 파란색, 검은색, 노란색

부재료 4mm 콩단추 2개, 몰, 솜

만들기

❶ 뜨개 도안대로 얼굴, 머리카락, 몸, 팔, 다리, 모자 등을 뜬다.

❷ 얼굴에 솜을 채워 넣고 머리카락을 감침질하여 달아 머리를 만든다.

❸ 몸에 코를 걸어 치마와 옷깃을 뜨고 솜을 채워 넣은 후 머리와 몸의 목 부분을 감침질하여 연결하고 벨트 고리와 넥타이를 단다.

❹ 다리에 솜을 채우고 몸에 감침질하여 연결한다.

❺ 팔에 코를 걸어 소맷부리를 뜨고 몰을 넣은 후 입구를 반 접어 감치고 몸에 감침질하여 연결한다.

❻ 얼굴에 눈을 달고 입을 스티치로 표현한다.

❼ 모자를 씌운다.

---

❶ 얼굴

단수	콧수
1단	8코
2단	16코
3단	24코
4단	32코
⋮	⋮
10단	32코
11단	24코
12단	16코

얼굴	살색
입(스티치)	빨간색

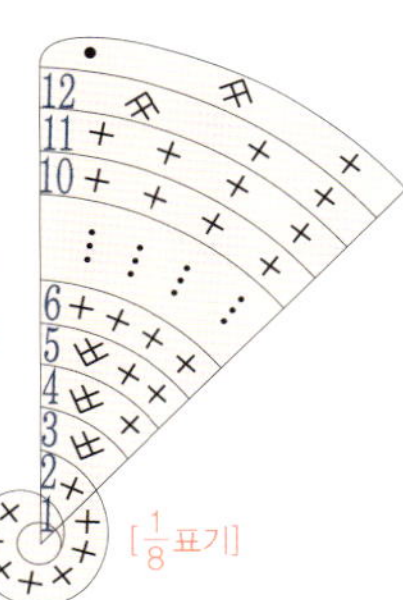

$[\frac{1}{8}$ 표기$]$

❸ 몸

단수	콧수
1단	8코
2단	16코
3단	24코
4단	32코
⋮	⋮
8단	32코
9단	32코
10단	32코
11단	32코
12단	24코
⋮	⋮
15단	24코
16단	16코
17단	16코
18단	16코

속바지	흰색
벨트	흰색
상의	하늘색

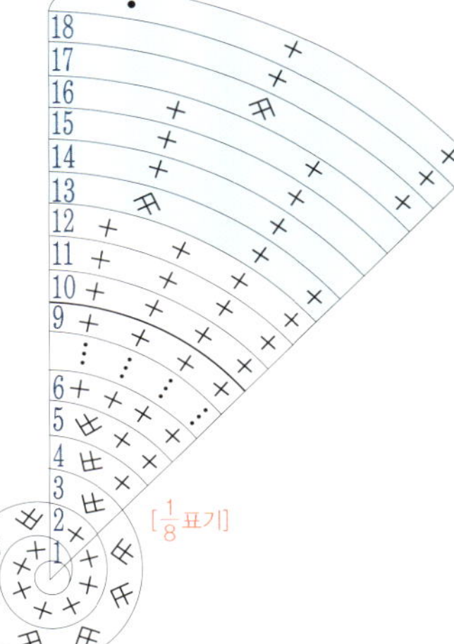

$[\frac{1}{8}$ 표기$]$

❷ 머리카락 2개 **진밤색**

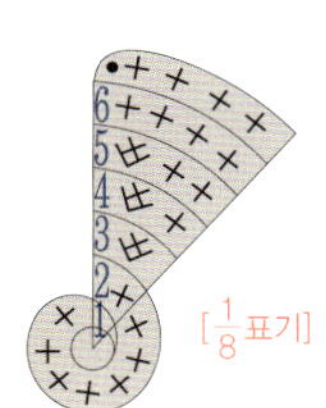

단수	콧수
1단	8코
2단	16코
3단	24코
4단	32코
5단	32코
6단	32코

$[\frac{1}{8}$ 표기$]$

치마 파란색

속바지 8단에서 코를 걸어 아래쪽으로 32코 짧은뜨기 5단을 뜨고 6단(+++쏫)에서 코를 줄여 26코 짧은뜨기를 10단까지 뜬다.

벨트 고리 2개 파란색

속바지 8단에서 코를 걸어 사슬뜨기 4코를 뜬 후 벨트 11단에 수직으로 위치한 코에 걸어 빼뜨기하고 남은 실은 안쪽으로 빼서 정리한다.

옷깃 하늘색

상의 18단에 코를 걸어 뜬다.

넥타이 파란색

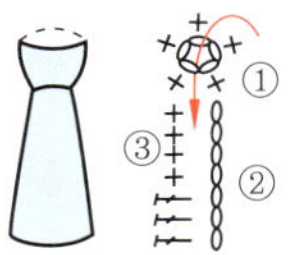

① 사슬뜨기 5코를 원으로 만들고 짧은뜨기를 1단 뜬다.

② 사슬뜨기 7코를 뜬 후 1길 긴뜨기를 3코 뜬다.

③ ②에 이어 짧은뜨기를 4코 뜬 후 ①의 원 안으로 넣어 빼낸다.

머리카락

얼굴 중심에서 양쪽으로 1장씩 이마 쪽부터 뒤통수까지 원의 2/3만 감침질로 단다. 나머지 귀 쪽 머리는 말아서 올린다.

④ 팔 2개

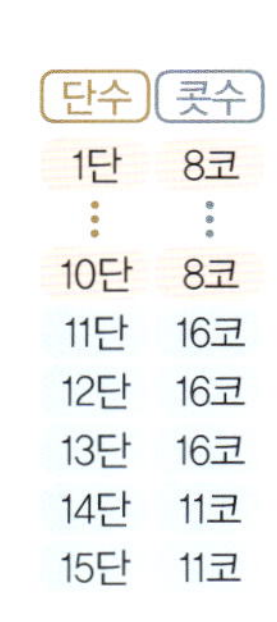

단수	콧수
1단	8코
⋮	⋮
10단	8코
11단	16코
12단	16코
13단	16코
14단	11코
15단	11코

손과 팔	살색
소매	하늘색

소맷부리 하늘색

소매 11단에서 코를 걸어 아래쪽으로 16코 짧은뜨기 1단을 뜬다.

⑤ 다리 2개

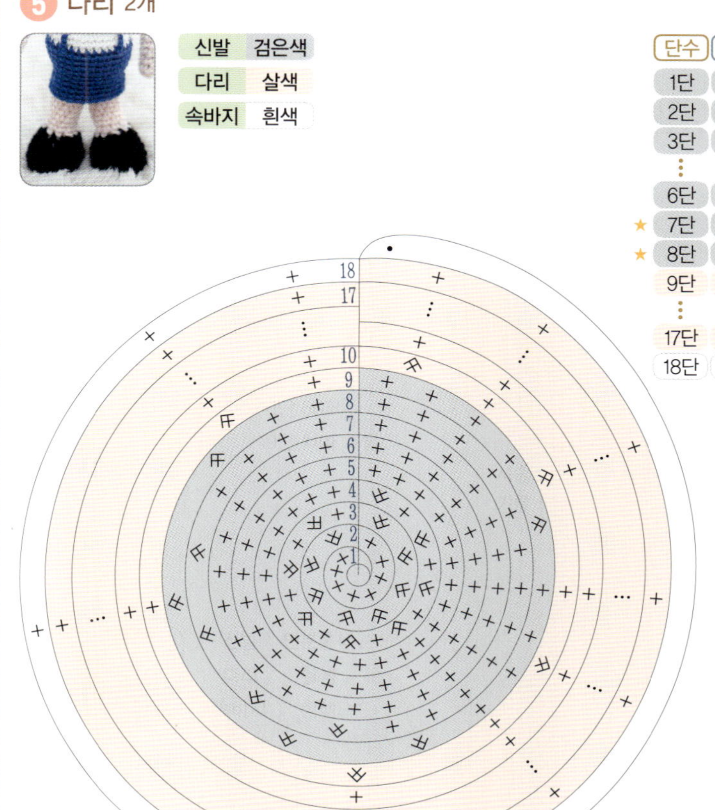

신발	검은색
다리	살색
속바지	흰색

단수	콧수
1단	8코
2단	16코
3단	24코
⋮	⋮
6단	24코
★ 7단	20코
★ 8단	15코
9단	10코
⋮	⋮
17단	10코
18단	10코

★ 신발 코 줄임

7단 : 앞볼 −4코(⅍⅍⅍⅍)

8단 : 앞볼 −4코(⅍⅍⅍⅍)

발뒤꿈치 −1코(⅍)

⑥ 모자 파란색

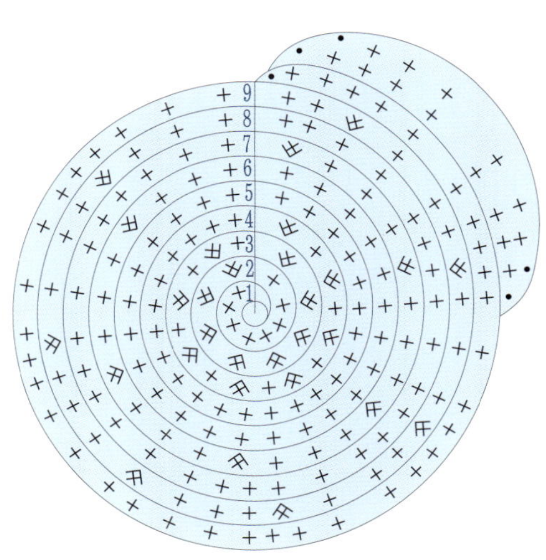

단수	콧수
1단	8코
2단	16코
3단	24코
4단	24코
5단	24코
6단	30코
7단	30코
8단	37코
9단	37코
모자챙 ⎰ 10단	8코
11단	6코

모자 줄 노란색

사슬뜨기 15코를 떠서 앞중심에 달아 준다.

모자 둘레 파란색

마지막에 모자챙(10~11단) 포함 둘레를 백짧은뜨기한다.

요리사 맛있는 냄새 나나요?

재료

도구 코바늘 3호, 돗바늘

실 살색, 빨간색, 진밤색, 파란색, 흰색, 연두색, 검은색

부재료 4mm 콩단추 2개, 5mm 단추 4개, 몰, 솜

만들기

① 뜨개 도안대로 얼굴, 머리카락, 몸, 팔, 다리, 모자 등을 뜬다.

② 얼굴에 솜을 채워 넣고 머리카락을 감침질하여 달아 머리를 만든다.

③ 몸에 솜을 채워 넣은 후 머리와 몸의 목 부분을 감침질하여 연결하고 스카프를 단다.

④ 다리에 솜을 채우고 몸에 감침질하여 연결한 후 허리에 앞치마를 두르고 끈을 뒤로 둘러 리본을 묶는다.

⑤ 팔에 코를 걸어 소맷부리를 뜨고 몰을 넣은 후 입구를 반 접어 감치고 몸에 감침질하여 연결한다.

⑥ 얼굴에 눈을 달고 입을 스티치로 표현한다.

⑦ 상의에 단추를 달고 모자를 씌운다.

---

① 얼굴

얼굴 살색
입(스티치) 빨간색

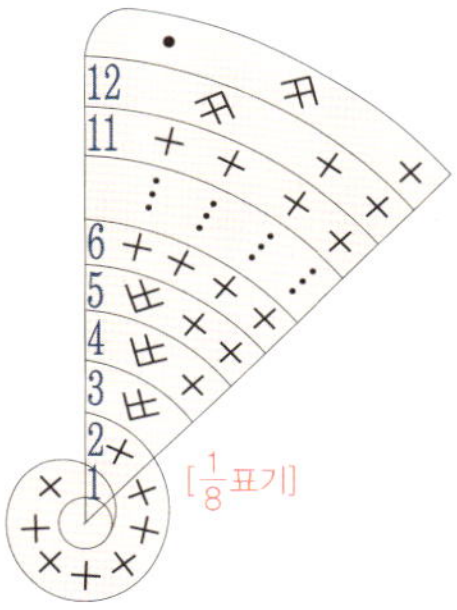

단수	콧수
1단	8코
2단	16코
3단	24코
4단	32코
⋮	⋮
10단	32코
11단	24코
12단	16코

$[\frac{1}{8}$ 표기$]$

② 머리카락① 진밤색

단수	콧수
1단	8코
2단	16코
3단	24코
4단	24코

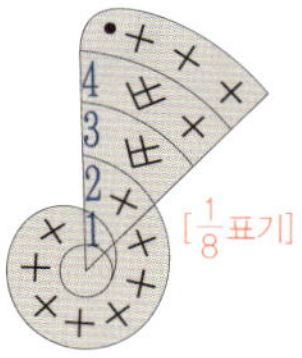

$[\frac{1}{8}$ 표기$]$

머리카락

③ 머리카락② 진밤색

단수	콧수
1단	8코
2단	16코
3단	24코
4단	32코
5단	40코

$[\frac{1}{8}$ 표기$]$

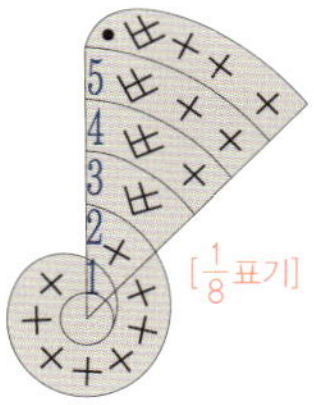

④ 몸

바지 파란색
상의 흰색

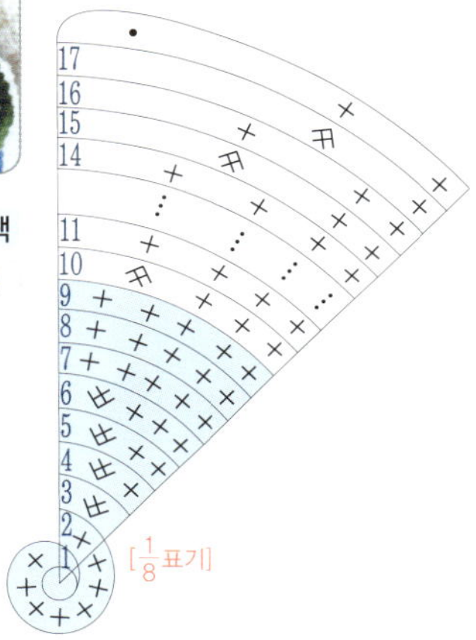

단수	콧수
1단	8코
2단	16코
3단	24코
4단	32코
5단	40코
⋮	⋮
8단	40코
9단	32코
⋮	⋮
13단	32코
14단	24코
15단	24코
16단	16코
17단	16코

$[\frac{1}{8}$ 표기$]$

스카프 연두색

빼뜨기 5 짧은뜨기 35 빼뜨기 5

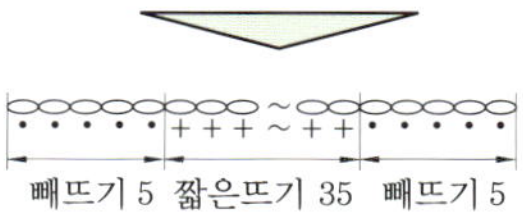

사슬뜨기 45코를 1단 뜬 후 빼뜨기 5코, 짧은뜨기 35코, 빼뜨기 5코를 뜬다.

앞치마 연두색

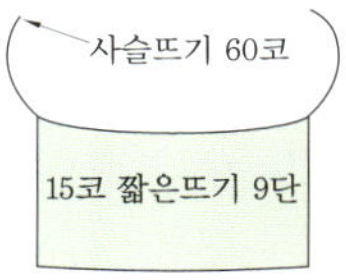

사슬뜨기 60코

15코 짧은뜨기 9단

사슬뜨기 60코 짧은뜨기로 1단을 뜨고 아래로 15코 짧은뜨기 9단을 뜬 후 둘레를 백짧은뜨기로 마무리한다.

⑤ 팔 2개

단수	콧수
1단	8코
2단	12코
3단	12코
4단	12코
⋮	⋮
7단	12코
8단	12코
⋮	⋮
16단	12코

손과 팔	살색
소매	흰색

[¼ 표기]

소맷부리 흰색

소매 8단에서 코를 걸어 아래로 1코에 1길 긴 뜨기 2코 늘려뜨기(V) 24코를 뜬다.

⑥ 다리 2개

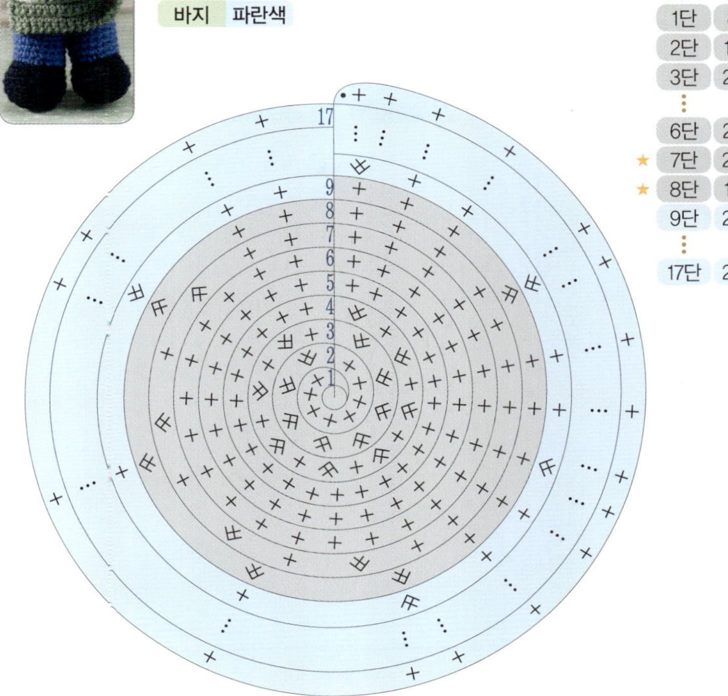

신발	검은색
바지	파란색

단수	콧수
1단	8코
2단	16코
3단	24코
⋮	⋮
6단	24코
★ 7단	20코
★ 8단	15코
9단	20코
⋮	⋮
17단	20코

★ 신발 코 줄임

7단 : 앞볼 −4코(仌+仌+仌+仌+)

8단 : 앞볼 −4코(仌仌仌仌)

발뒤꿈치 −1코(仌)

⑦ 모자 흰색

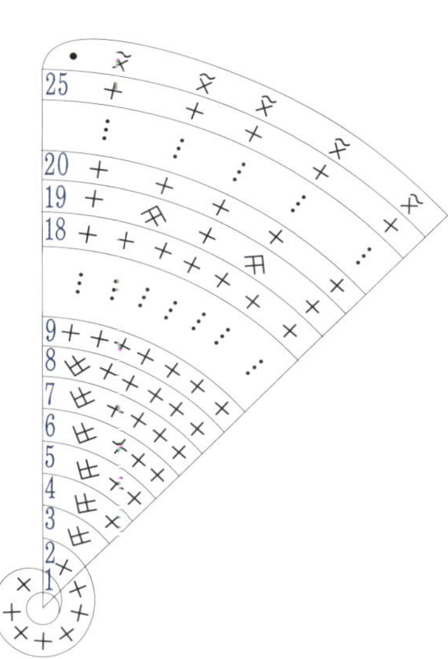

모자

단수	콧수
1단	8코
2단	16코
3단	24코
4단	32코
5단	40코
6단	48코
7단	56코
⋮	⋮
17단	56코
18단	37코
⋮	⋮
24단	37코
25단	37코

재료	도구 코바늘 3호, 돗바늘
	실 살색, 빨간색, 진밤색, 흰색, 보라색, 검은색
	부재료 4mm 콩단추 2개, 5mm 단추 2개, 솜, 몰

만들기

❶ 뜨개 도안대로 얼굴, 머리카락, 몸, 팔, 다리, 모자 등을 뜬다.

❷ 얼굴에 솜을 채워 넣고 머리카락을 감침질하여 달아 머리를 만든다(머리카락②에만 솜을 넣는다).

❸ 몸에 코를 걸어 치마와 앞치마, 옷깃을 뜨고 솜을 채워 넣은 후 머리와 몸의 목 부분을 감침질하여 연결한다.

❹ 다리 속바지에 코를 걸어 프릴을 뜨고 솜을 채워 넣은 후 몸에 감침질하여 연결한다.

❺ 팔에 몰을 넣고 입구를 반 접어 감친 후 몸에 감침질하여 연결한다.

❻ 목끈을 둘러 앞치마에 연결하고 허리에 허리끈을 돌려 뒤에서 리본을 묶는다.

❼ 얼굴에 눈을 달고 입을 스티치로 표현한다.

❽ 앞치마에 단추를 달고 모자를 씌운다.

---

❶ 얼굴

얼굴	살색
입(스티치)	빨간색

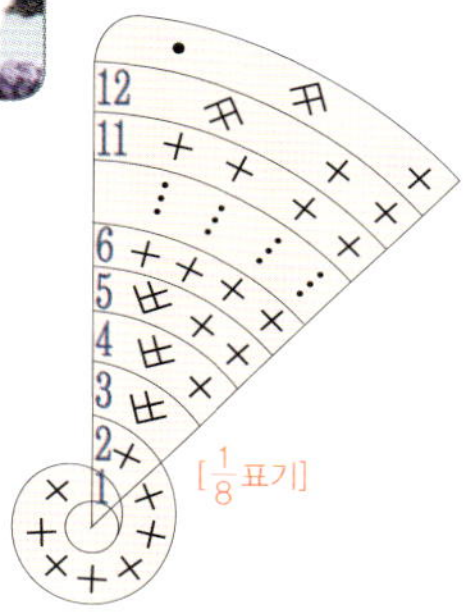

단수	콧수
1단	8코
2단	16코
3단	24코
4단	32코
⋮	⋮
10단	32코
11단	24코
12단	16코

$[\frac{1}{8}$ 표기$]$

❷ 머리카락① 2개 진밤색

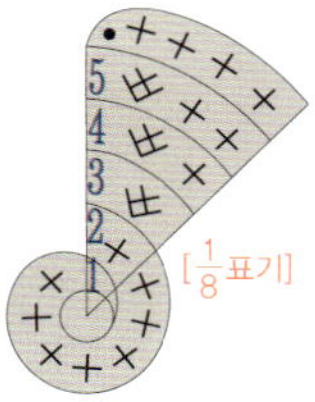

단수	콧수
1단	8코
2단	16코
3단	24코
4단	32코
5단	32코

$[\frac{1}{8}$ 표기$]$

머리카락

❸ 머리카락② 2개 진밤색

단수	콧수
1단	8코
2단	16코
3단	16코
4단	16코

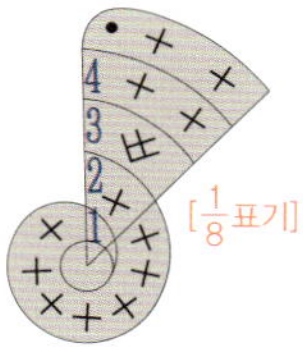

$[\frac{1}{8}$ 표기$]$

---

❹ 몸

속바지	흰색
상의	보라색

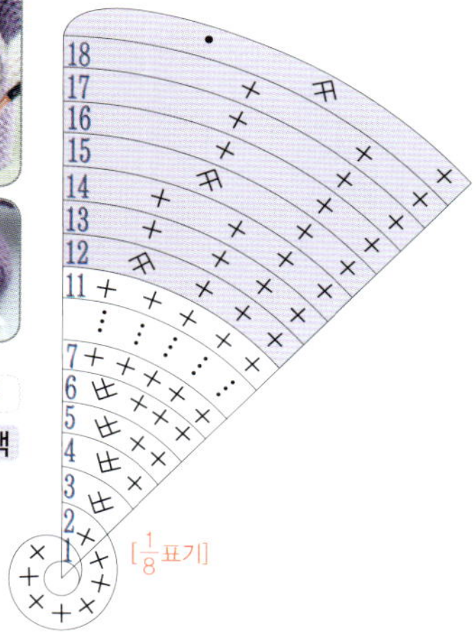

단수	콧수
1단	8코
2단	16코
3단	24코
4단	32코
5단	40코
⋮	⋮
10단	40코
11단	32코
12단	32코
13단	32코
14단	24코
⋮	⋮
17단	24코
18단	16코

$[\frac{1}{8}$ 표기$]$

치마 보라색

상의 11단에서 코를 걸어 52코(++∨)를 뜨고 짧은뜨기 52코 12단을 뜬 후에 백짧은뜨기로 마무리한다.

앞치마 흰색

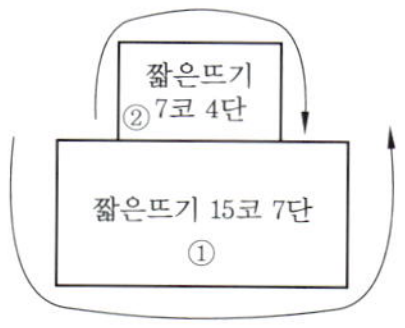

① 속바지 10단에서 코를 걸어 15코 짧은뜨기 7단을 뜬다.
② 상의 11단에서 코를 걸어 7코 짧은뜨기 4단을 뜬다.
③ ①과 ②의 가장자리를 백짧은뜨기한다.

상의 프릴 흰색

상의 11단에서 프릴을 뜬다.

목끈 흰색

사슬뜨기 20코를 뜬다.

허리끈 흰색

사슬뜨기 80코 짧은뜨기 1단을 뜬다.

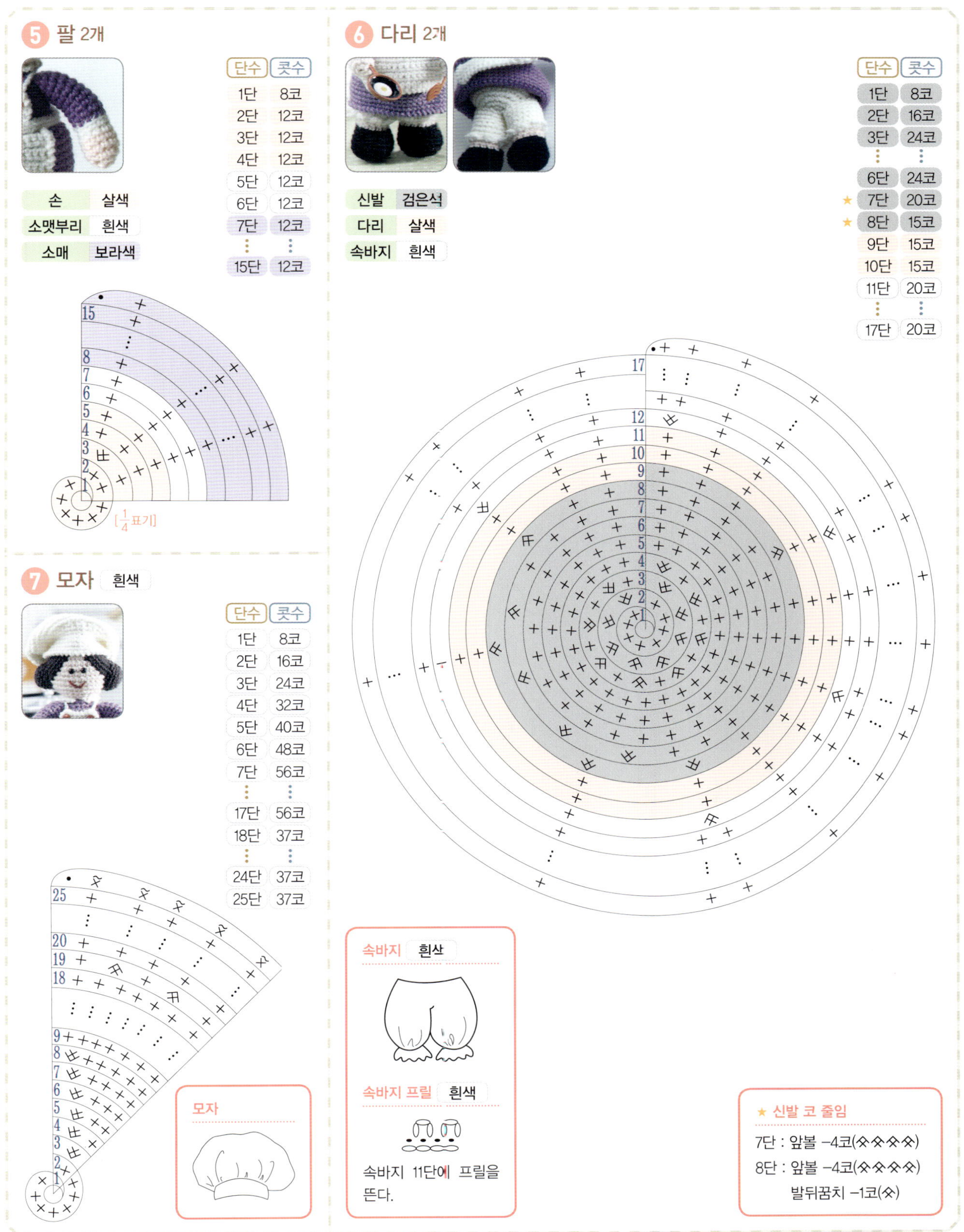

⑤ 팔 2개

단수	콧수
1단	8코
2단	12코
3단	12코
4단	12코
5단	12코
6단	12코
7단	12코
⋮	⋮
15단	12코

손	살색
소맷부리	흰색
소매	보라색

⑥ 다리 2개

단수	콧수
1단	8코
2단	16코
3단	24코
⋮	⋮
6단	24코
★ 7단	20코
★ 8단	15코
9단	15코
10단	15코
11단	20코
⋮	⋮
17단	20코

신발	검은색
다리	살색
속바지	흰색

⑦ 모자   흰색

단수	콧수
1단	8코
2단	16코
3단	24코
4단	32코
5단	40코
6단	48코
7단	56코
⋮	⋮
17단	56코
18단	37코
⋮	⋮
24단	37코
25단	37코

모자

속바지   흰샥

속바지 프릴   흰색

속바지 11단에 프릴을
뜬다.

★ 신발 코 줄임

7단 : 앞볼 −4코(쏘쏘쏘쏘)

8단 : 앞볼 −4코(쏘쏘쏘쏘)

발뒤꿈치 −1코(쏘)

의사와 간호사

선생님, 아기들은 건강한가요?

재료

도구 코바늘 3호, 돗바늘

실 살색, 흰색, 하늘색, 진밤색, 빨간색, 검은색, 커피색

부재료 4mm 콩단추 2개, 4mm 단추 3개, 3mm 검은색 진주 1개, 공예용 와이어, 몰, 솜

만들기

❶ 뜨개 도안대로 얼굴, 머리카락, 코, 몸, 팔, 다리, 가운 등을 뜬다.

❷ 얼굴에 솜을 채워 넣고 머리카락을 감침질하여 달아 머리를 만든다.

❸ 몸에 솜을 채워 넣고 머리와 몸의 목 부분을 감침질하여 연결한 후 목에 보타이를 단다.

❹ 팔에 몰을 넣고 입구를 반 접어 감친 후 가운을 몸에 입히고 팔을 감침질하여 연결한다.

❺ 가운에 단추를 달고 가운 위로 목에 청진기를 걸어 준다.

❻ 공예용 와이어로 안경을 만들고 헤드미러에 진주를 달아 준다.

❼ 얼굴에 눈과 코를 달아 주고 안경과 헤드미러를 씌운다.

---

❶ 얼굴 살색

단수	콧수
1단	8코
2단	16코
3단	24코
4단	32코
⋮	⋮
10단	32코
11단	24코
12단	16코

$[\frac{1}{8}$ 표기 $]$

헤드미러 흰색

단수	콧수
1단	7코
2단	14코
3단	14코

머리끈 흰색

머리 둘레에 맞게 사슬
뜨기한 후 헤드미러에
둘러 준다.

❸ 코 살색

단수	콧수
1단	8코
2단	8코

---

❷ 머리카락 커피색

1단 : 사슬뜨기 25코

2단 : 짧은뜨기 25코

3단 : 양쪽 끝에서 5코씩 빼고
     짧은뜨기 15코

(짧은뜨기 15코)

(사슬뜨기 25코)

❹ 몸

바지 진밤색

상의 하늘색

단수	콧수
1단	8코
2단	16코
3단	24코
4단	32코
5단	40코
⋮	⋮
9단	40코
10단	32코
⋮	⋮
13단	32코
14단	24코
15단	24코
16단	16코
17단	16코

$[\frac{1}{8}$ 표기 $]$

보타이 빨간색

사슬뜨기 7코를 뜬 후 짧은뜨기 3단을
떠서 가운데를 묶어 준다.

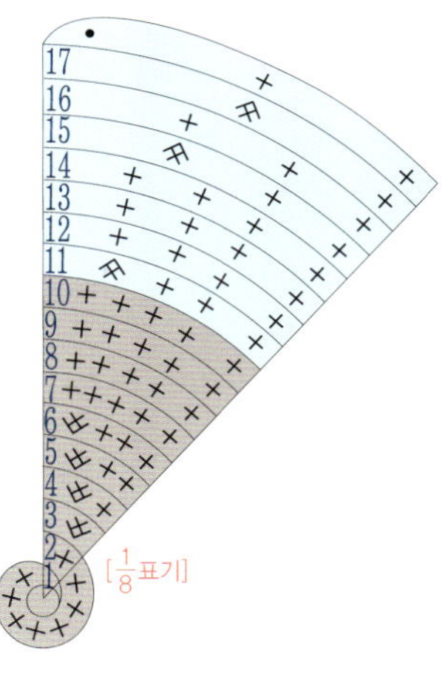

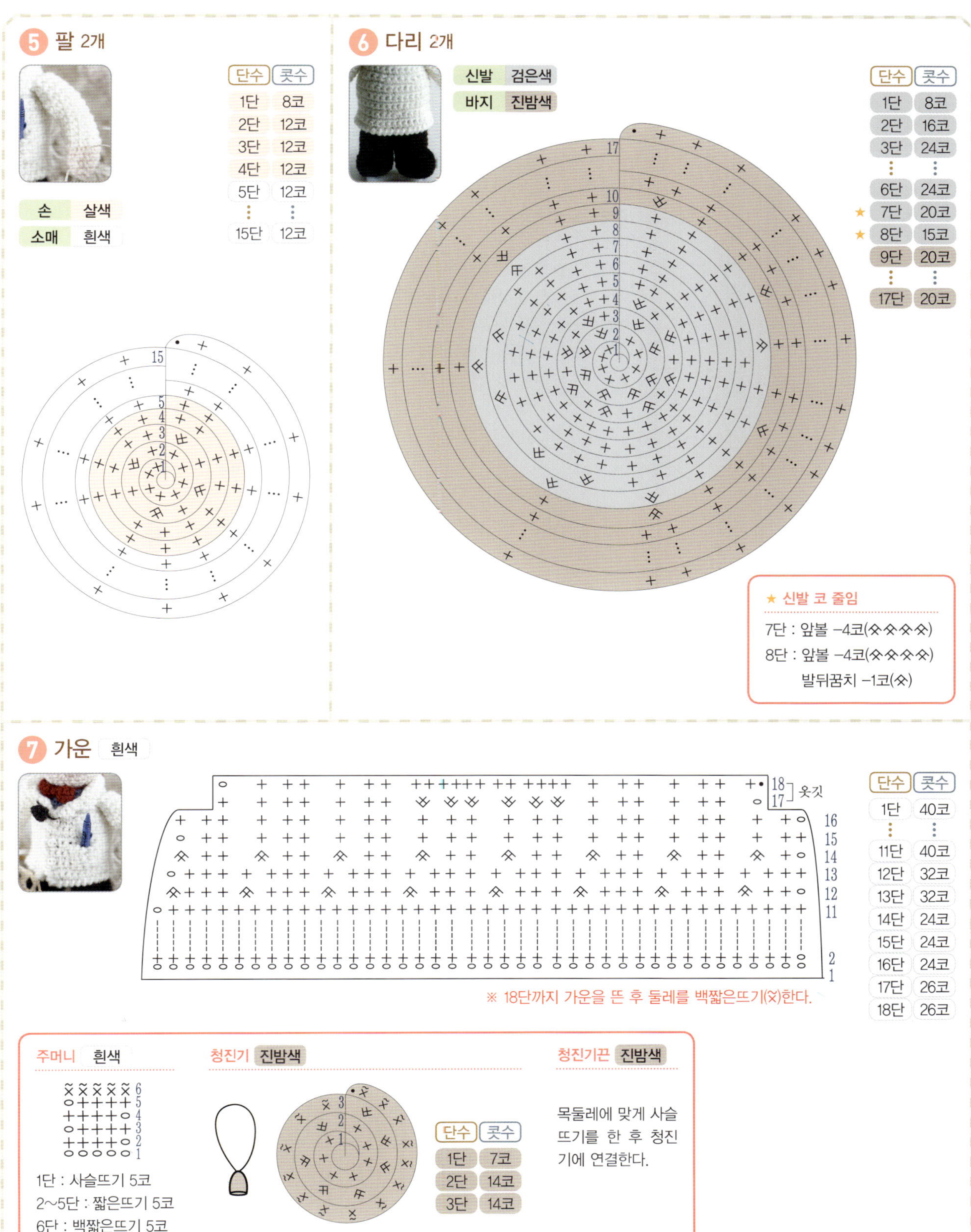

5 팔 2개

손 살색
소매 흰색

단수	콧수
1단	8코
2단	12코
3단	12코
4단	12코
5단	12코
⋮	⋮
15단	12코

6 다리 2개

신발 검은색
바지 진밤색

단수	콧수
1단	8코
2단	16코
3단	24코
⋮	
6단	24코
★ 7단	20코
★ 8단	15코
9단	20코
⋮	⋮
17단	20코

★ 신발 코 줄임

7단 : 앞볼 −4코(⋏⋏⋏⋏)
8단 : 앞볼 −4코(⋏⋏⋏⋏)
　　　 발뒤꿈치 −1코(⋏)

7 가운 흰색

옷깃 18 17

단수	콧수
1단	40코
⋮	
11단	40코
12단	32코
13단	32코
14단	24코
15단	24코
16단	24코
17단	26코
18단	26코

※ 18단까지 가운을 뜬 후 둘레를 백짧은뜨기(⋏)한다.

주머니 흰색

1단 : 사슬뜨기 5코
2~5단 : 짧은뜨기 5코
6단 : 백짧은뜨기 5코

청진기 진밤색

청진기끈 진밤색

단수	콧수
1단	7코
2단	14코
3단	14코

목둘레에 맞게 사슬뜨기를 한 후 청진기에 연결한다.

재료

도구 코바늘 3호, 돗바늘

실 살색, 빨간색, 흰색, 검은색, 진밤색, 노란색, 파란색

부재료 4mm 콩단추 2개, 4mm 단추 2개, 솜, 몰

만들기

1. 뜨개 도안대로 얼굴, 머리카락, 몸, 팔, 다리 등을 뜬다.
2. 얼굴에 솜을 채워 넣고 머리카락을 감침질하여 달아 머리를 만든다(머리카락②에만 솜을 넣는다).
3. 몸에 코를 걸어 치마와 옷깃을 뜨고 솜을 채워 넣은 후 머리와 몸의 목 부분을 감침질하여 연결한다.
4. 다리에 솜을 채우고 몸에 감침질하여 연결한다.
5. 팔에 몰을 넣고 입구를 반 접어 감친 후 몸에 감침질하여 연결한다.
6. 얼굴에 눈을 달고 입을 스티치로 표현한다.
7. 상의에 단추를 달고 신발에 끈을 끼운 후 손에 차트를 꿰맨다.
8. 간호사 모자에 끈을 끼워 머리에 씌우고 뒤에서 묶어 준다.

① 얼굴

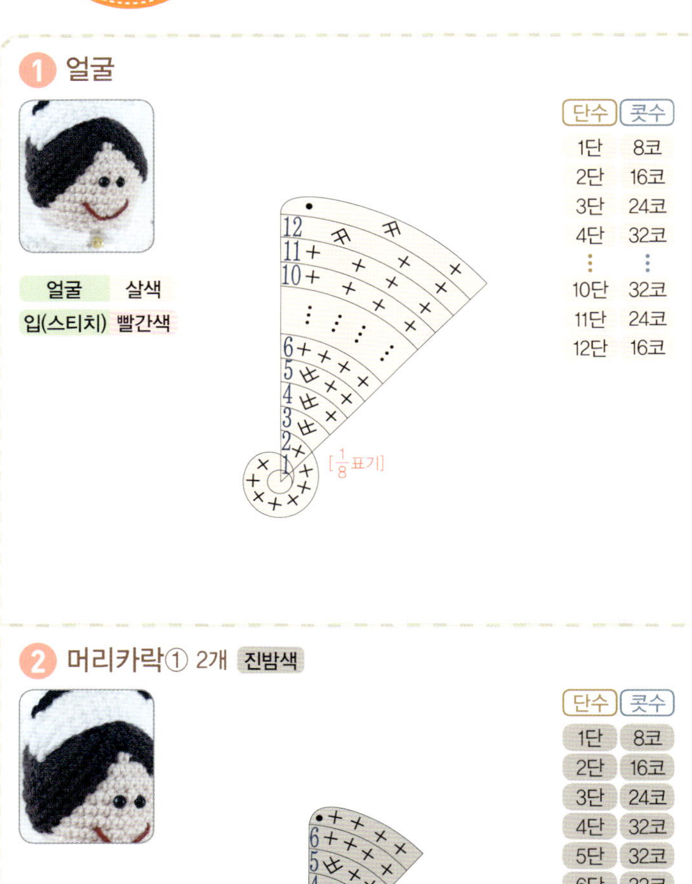

얼굴	살색
입(스티치)	빨간색

단수	콧수
1단	8코
2단	16코
3단	24코
4단	32코
⋮	⋮
10단	32코
11단	24코
12단	16코

② 머리카락① 2개 진밤색

단수	콧수
1단	8코
2단	16코
3단	24코
4단	32코
5단	32코
6단	32코

③ 머리카락② 진밤색

단수	콧수
1단	8코
2단	16코
3단	24코
4단	24코
5단	24코

머리카락

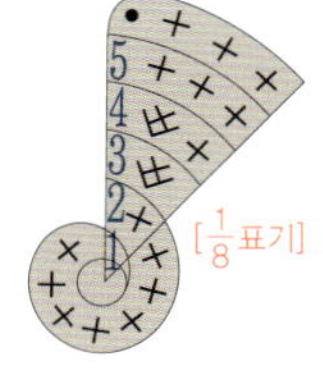

간호사 모자 흰색 검은색

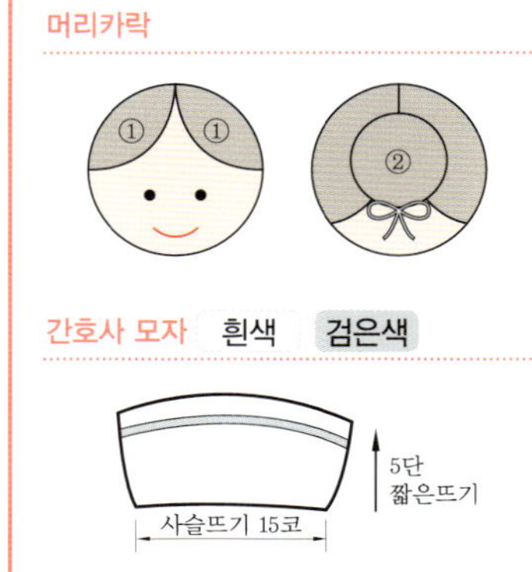

흰색 실로 사슬뜨기 15코를 떠서 짧은뜨기를 5단 뜬 후 아랫면을 제외한 3면을 백짧은뜨기한다. 검은색 실로 사슬뜨기 15코를 떠서 모자 양끝에 빼뜨기로 고정한다.

❹ 몸

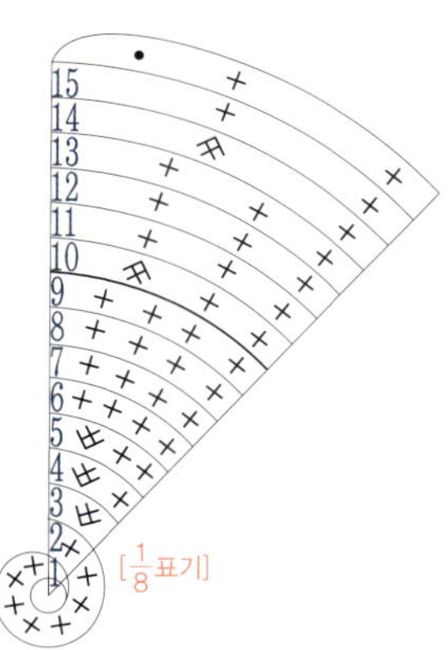

| 속바지 | 흰색 |
| 상의 | 흰색 |

[⅛표기]

단수	콧수
1단	8코
2단	16코
3단	24코
4단	32코
⋮	⋮
8단	32코
9단	24코
⋮	⋮
12단	24코
13단	16코
14단	16코
15단	16코

치마 흰색

단수	콧수
1단	32코
⋮	⋮
5단	32코
6단	42코	← 코 늘리기(++✗)
⋮	⋮
12단	42코
13단	42코	← 백짧은뜨기(✗)

속바지 8단에 코를 걸어 아래쪽으로 뜬다.

옷깃 흰색

상의 15단에 코를 걸어 뜬다.

---

❺ 팔 2개

| 손과 팔 | 살색 |
| 소매 | 흰색 |

단수	콧수
1단	8코
⋮	⋮
10단	8코
11단	12코
⋮	⋮
14단	12코

차트 노란색 파란색

노란색 실로 사슬뜨기 10코를 떠서 8단 짧은뜨기를 2장 뜬 후 맞대어 백짧은뜨기로 연결하고, 위쪽 중심 5코를 파란색 실로 백짧은뜨기하여 마무리한다.

---

❻ 다리 2개

신발	흰색
다리	살색
신발끈	검은색

단수	콧수
1단	8코
2단	16코
3단	24코
4단	24코
5단	24코
★ 6단	20코
★ 7단	15코
8단	10코
⋮	⋮
17단	10코

★ 신발 코 줄임

6단 : 앞볼 −4코(✗✗✗✗)

7단 : 앞볼 −4코(✗✗✗✗)

발뒤꿈치 −1코(✗)

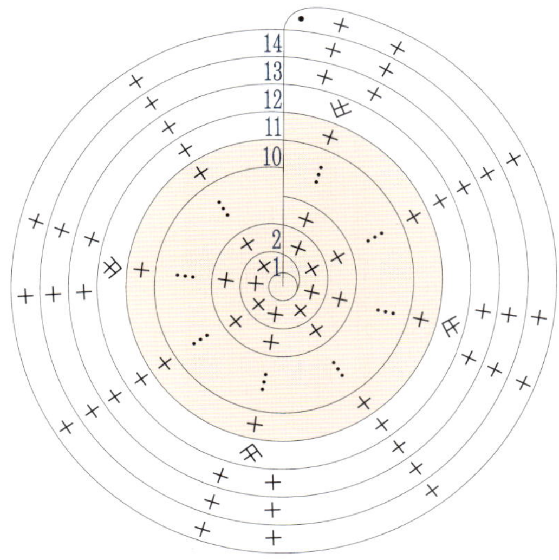
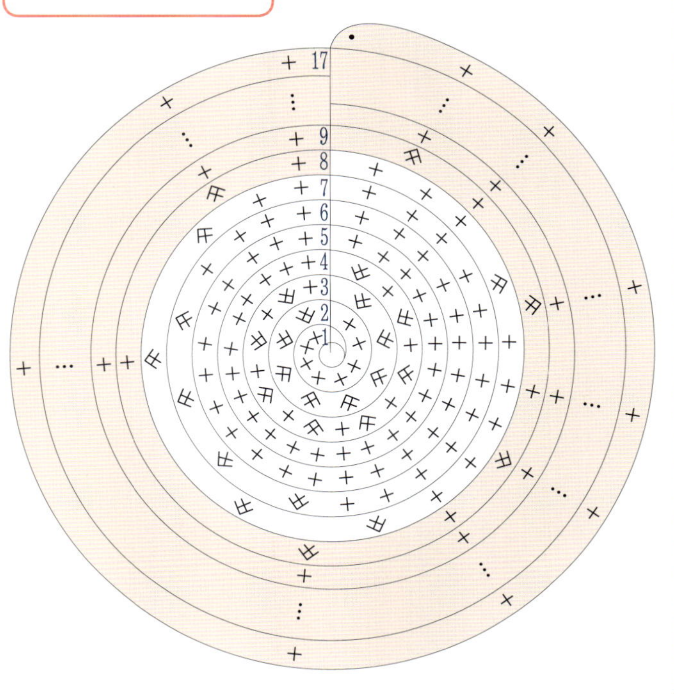

몽룡과 춘향

색동저고리를 곱게 차려입은 춘향,
잘생긴 몽룡 도련님과 꽃길을 걸으며…

재료

도구 코바늘 3호, 돗바늘

실 살색, 빨간색, 진밤색, 흰색, 파란색, 하늘색, 노란색, 연두색, 연분홍색, 진분홍색, 커피색, 검은색

부재료 4mm 콩단추 2개, 몰, 솜

만들기

❶ 뜨개 도안대로 얼굴, 머리카락, 몸, 팔, 다리, 복건 등을 뜬다.

❷ 얼굴에 솜을 채워 넣고 머리카락을 감침질하여 달아 머리를 만든다(댕기머리는 머리카락②를 달기 전에 뒷머리에 감쳐 단다).

❸ 몸에 코를 걸어 앞뒤로 전복 자락을 뜨고 솜을 채워 넣은 후 머리와 몸의 목 부분을 감침질하여 연결한다.

❹ 다리에 솜을 채우고 몸에 감침질하여 연결한다.

❺ 목에 옷깃을 단다(전복이나 한복 등 전통 의복을 만들 때는 옷깃을 만들어 나중에 달아 주어야 예쁘게 표현할 수 있다).

❻ 팔에 코를 걸어 소맷부리를 뜨고 몰을 넣은 후 입구를 반 접어 감치고 몸에 감침질하여 연결한다.

❼ 전복 상의에 전복끈을 끼워 묶는다.

❽ 얼굴에 눈을 달고 입을 스티치로 표현한다.

❾ 머리에 복건을 씌운다.

---

❶ 얼굴

단수	콧수
1단	8코
2단	16코
3단	24코
4단	32코
⋮	⋮
10단	32코
11단	24코
12단	16코

얼굴	살색
입(스티치)	빨간색

[$\frac{1}{8}$ 표기]

❷ 머리카락① 2개 진밤색

단수	콧수
1단	8코
2단	16코
3단	24코
4단	32코
5단	32코

[$\frac{1}{8}$ 표기]

❸ 머리카락② 진밤색

단수	콧수
1단	8코
2단	16코
3단	24코
4단	32코
5단	32코
6단	32코

[$\frac{1}{8}$ 표기]

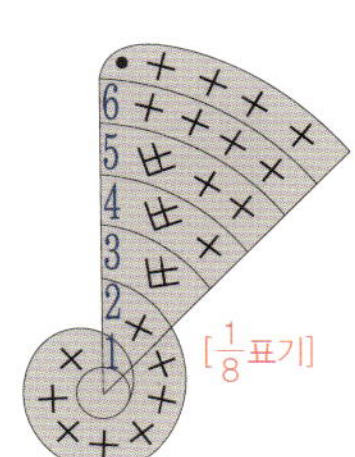

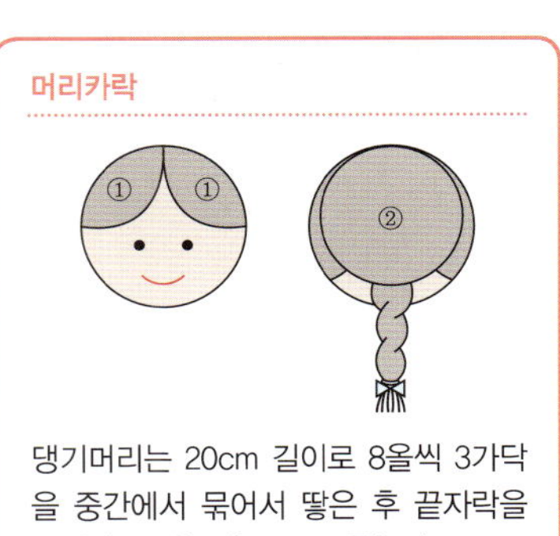

머리카락

댕기머리는 20cm 길이로 8올씩 3가닥을 중간에서 묶어서 땋은 후 끝자락을 정리하고 하늘색 끈으로 묶는다.

④ 몸

바지	흰색
전복	파란색
목	살색

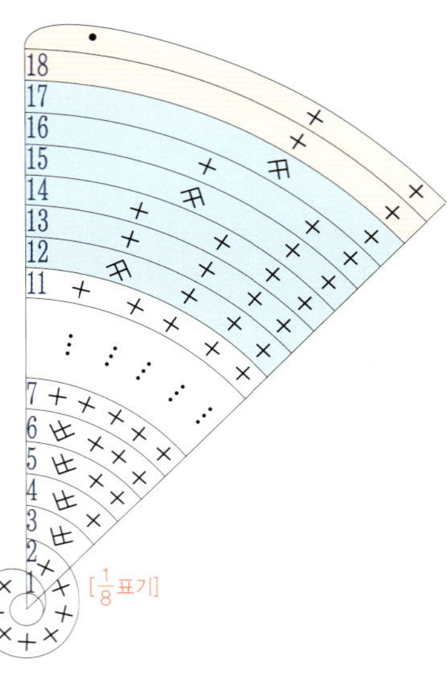

단수	콧수
1단	8코
2단	16코
3단	24코
4단	32코
5단	40코
⋮	⋮
10단	40코
11단	32코
12단	32코
13단	32코
14단	24코
15단	24코
16단	16코
17단	16코
18단	16코

전복 자락 파란색

앞자락 : 전복 앞 11단에서 양쪽으로 7코씩 11단
뒷자락 : 전복 뒤 11단에서 11코 11단

옷깃 하늘색 흰색

단수	콧수
1단	30코
2단	30코
3단	26코

1 · 2단 : 깃(하늘색)
3단 : 동정(흰색)

전복끈 빨간색

사슬뜨기 80코를 뜬다.

⑤ 팔 2개

손	살색
소매 색동	파란색
소매 색동	빨간색
소매 색동	노란색
소매 색동	연두색
소매 색동	진분홍색

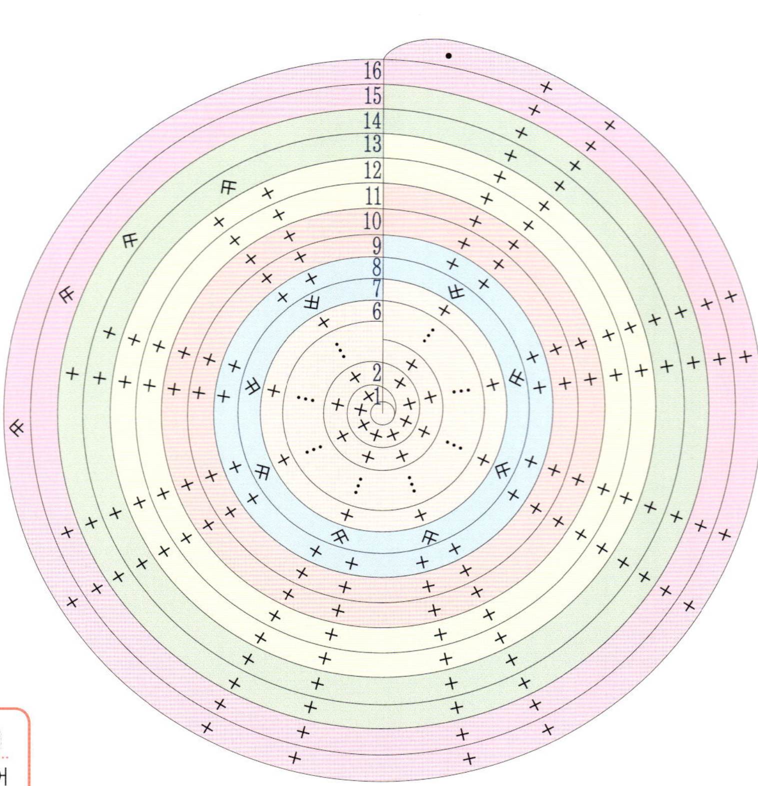

단수	콧수
1단	8코
⋮	⋮
6단	8코
7단	16코
8단	16코
9단	16코
10단	16코
11단	16코
12단	16코
13단	15코
14단	14코
15단	13코
16단	12코

소맷부리 연분홍색 흰색

소매 색동 7단에서 코를 걸어
아래쪽으로 연분홍색 15코 2단,
흰색 14코 2단을 뜬다.

❻ 다리 2개

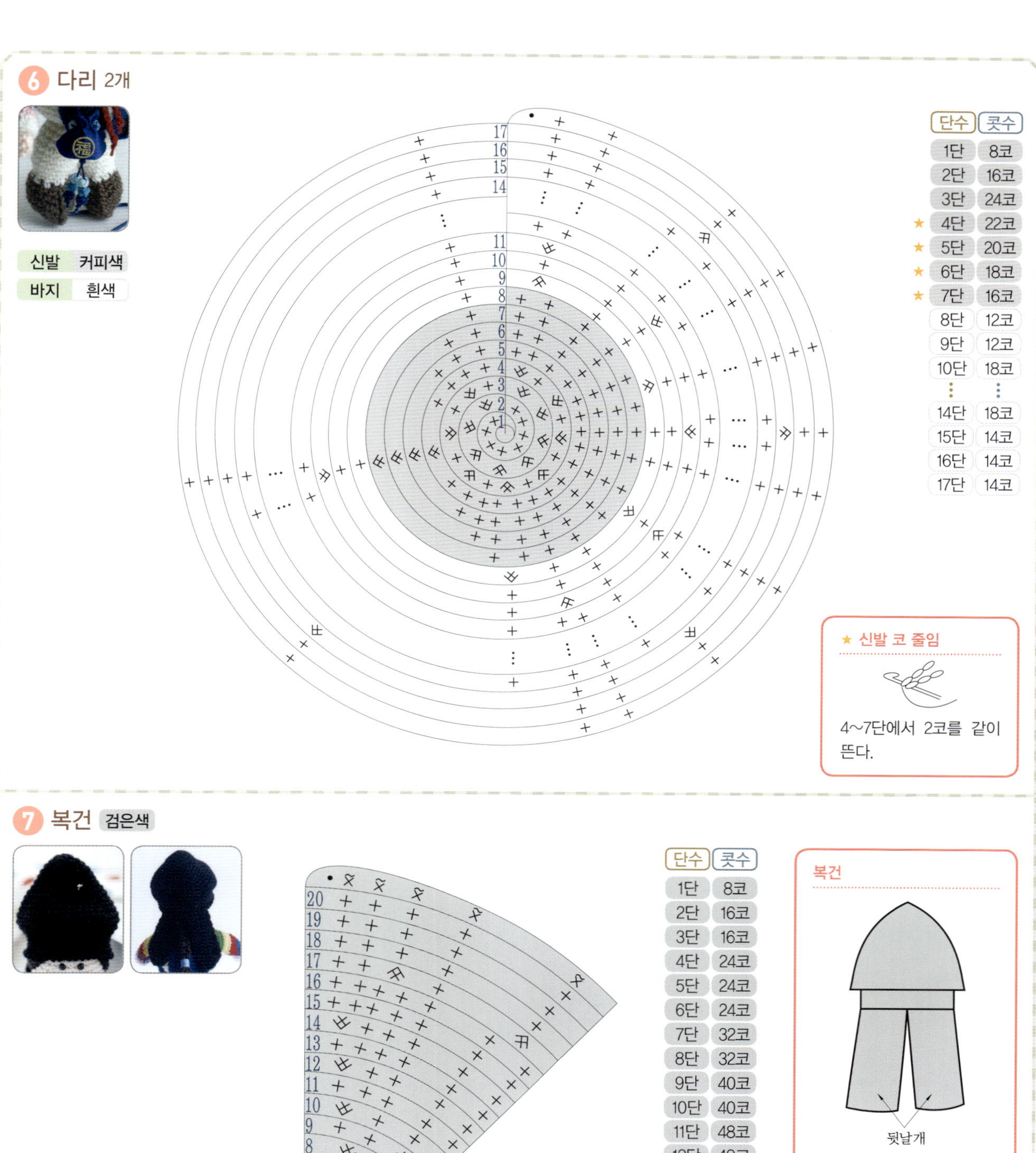

신발	커피색
바지	흰색

단수	콧수
1단	8코
2단	16코
3단	24코
★ 4단	22코
★ 5단	20코
★ 6단	18코
★ 7단	16코
8단	12코
9단	12코
10단	18코
⋮	⋮
14단	18코
15단	14코
16단	14코
17단	14코

★ 신발 코 줄임

4~7단에서 2코를 같이 뜬다.

❼ 복건 검은색

단수	콧수
1단	8코
2단	16코
3단	16코
4단	24코
5단	24코
6단	24코
7단	32코
8단	32코
9단	40코
10단	40코
11단	48코
12단	48코
13단	56코
14단	56코
15단	56코
16단	37코
17단	37코
18단	37코
19단	37코
20단	37코

복건

뒷날개

20단까지 뜬 후 21단 뒤중심에서 양쪽으로 7코씩 16단을 뜨고 둘레를 백짧은뜨기(╳)한다.

재료

도구 코바늘 3호, 돗바늘

실 살색, 빨간색, 검은색, 흰색, 노란색, 진분홍색, 연두색, 빨간색, 파란색, 연분홍색

부재료 4mm 콩단추 2개, 몰, 솜

만들기

❶ 뜨개 도안대로 얼굴, 머리카락, 몸, 팔, 다리, 머리 장식 등을 뜬다.

❷ 얼굴에 솜을 채워 넣고 머리카락을 감침질하여 달아 머리를 만든다.

❸ 몸에 코를 걸어 치마를 뜨고 솜을 채워 넣은 후 머리와 몸의 목 부분을 감침질하여 연결한다.

❹ 다리에 솜을 채우고 몸에 감침질하여 연결한다.

❺ 목에 옷깃을 단다.

❻ 팔에 코를 걸어 소맷부리를 뜨고 몰을 넣은 후 입구를 반 접어 감치고 몸에 감침질하여 연결한다.

❼ 옷고름을 묶어 저고리에 감침질하여 단다.

❽ 얼굴에 눈을 달고 입을 스티치로 표현한다.

❾ 머리에 머리 장식을 단다.

❶ 얼굴

단수	콧수
1단	8코
2단	16코
3단	24코
4단	32코
⋮	⋮
10단	32코
11단	24코
12단	16코

얼굴　살색

입(스티치)　빨간색

$[\frac{1}{8}표기]$

❷ 머리카락 3개(5단까지 2개, 6단까지 1개) 검은색

단수	콧수
1단	8코
2단	16코
3단	24코
4단	32코
5단	32코
6단	32코

$[\frac{1}{8}표기]$

※ 71쪽 몽룡 머리카락과 동일한 방법으로 단다.

❸ 몸

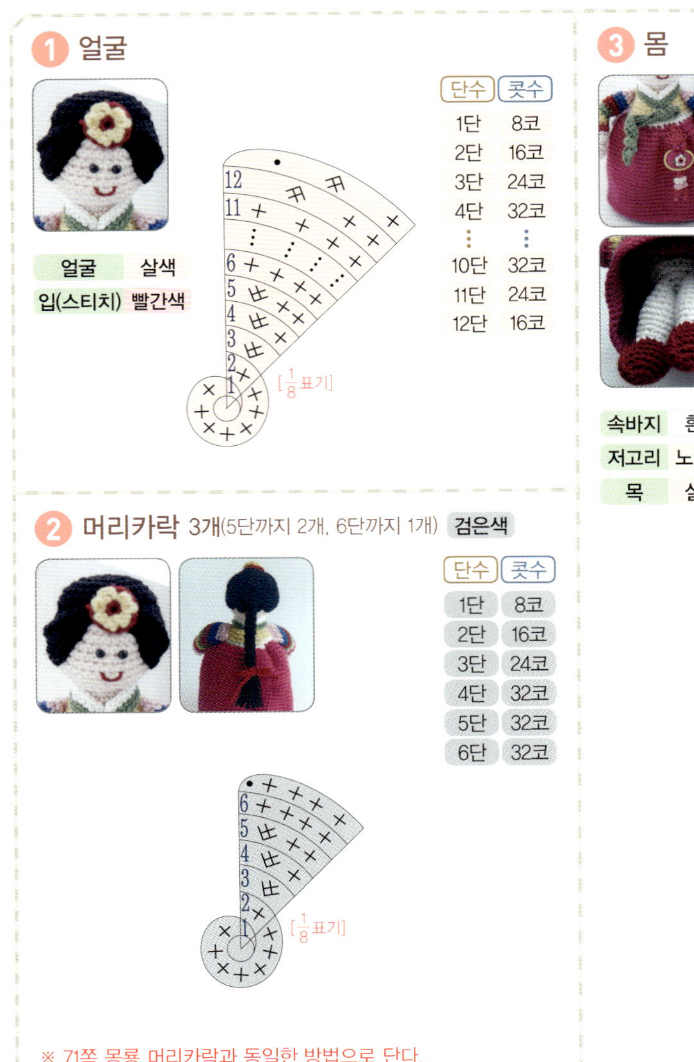

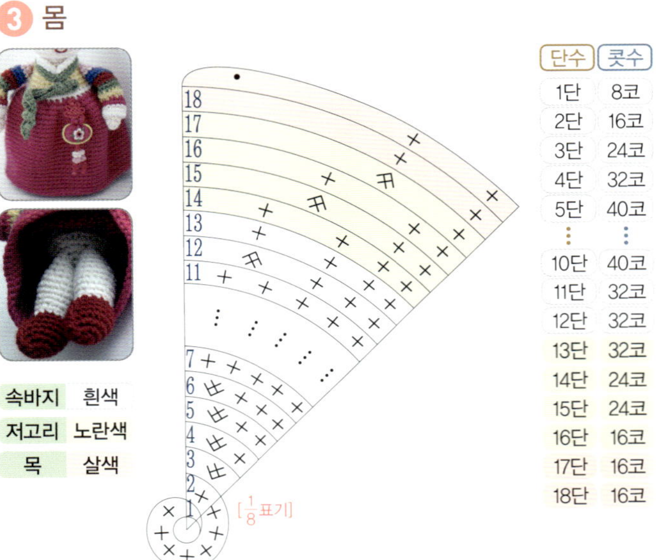

단수	콧수
1단	8코
2단	16코
3단	24코
4단	32코
5단	40코
⋮	⋮
10단	40코
11단	32코
12단	32코
13단	32코
14단	24코
15단	24코
16단	16코
17단	16코
18단	16코

속바지　흰색

저고리　노란색

목　살색

$[\frac{1}{8}표기]$

치마　진분홍색

속바지 11단(32코)에서 코를 걸고 아래쪽으로 코를 늘려 짧은뜨기 64코(✗)를 22단 뜬 후 23단에서 백짧은뜨기(✗)로 마무리한다.

옷깃　연두색　흰색

단수	콧수
1단	30코
2단	30코
3단	26코

1 · 2단 : 깃(연두색)

3단 : 동정(흰색)

옷고름　연두색

사슬뜨기 60코 짧은뜨기 1단을 뜬다.

❹ 팔 2개

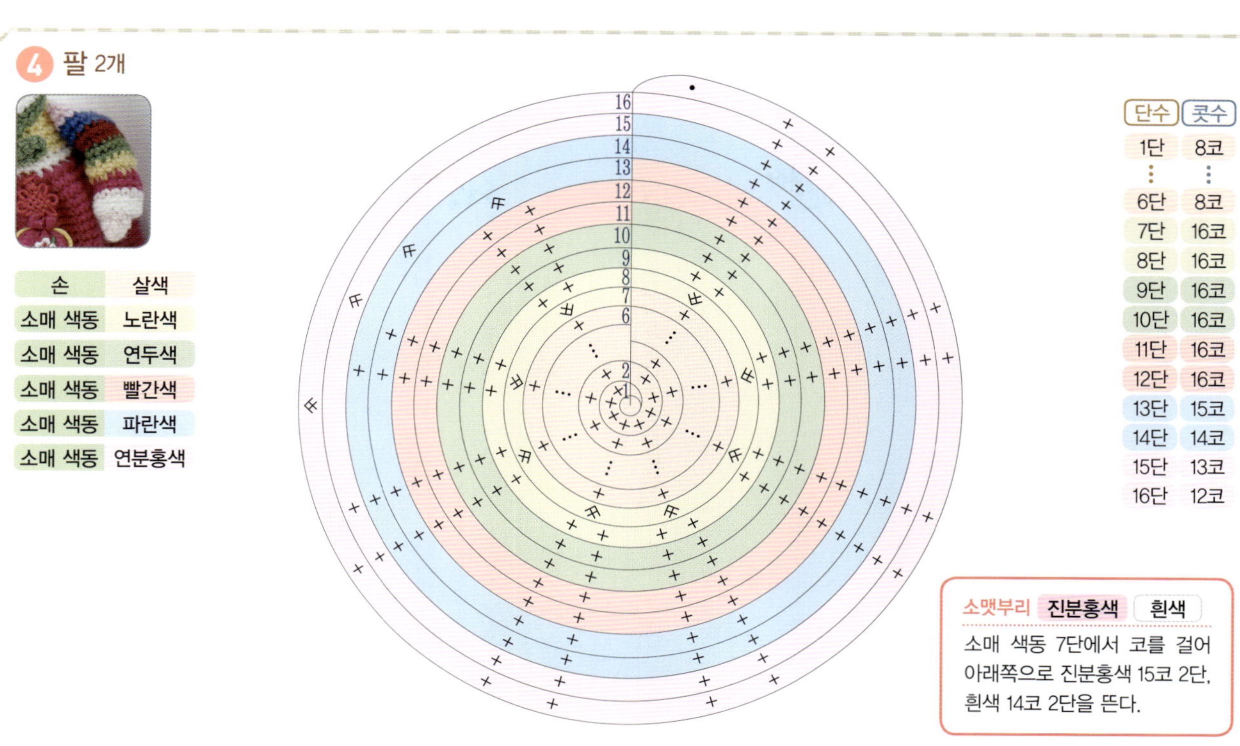

손	살색
소매 색동	노란색
소매 색동	연두색
소매 색동	빨간색
소매 색동	파란색
소매 색동	연분홍색

단수	콧수
1단	8코
⋮	⋮
6단	8코
7단	16코
8단	16코
9단	16코
10단	16코
11단	16코
12단	16코
13단	15코
14단	14코
15단	13코
16단	12코

소맷부리 진분홍색 흰색

소매 색동 7단에서 코를 걸어
아래쪽으로 진분홍색 15코 2단,
흰색 14코 2단을 뜬다.

❺ 다리 2개

신발	빨간색
속바지	흰색

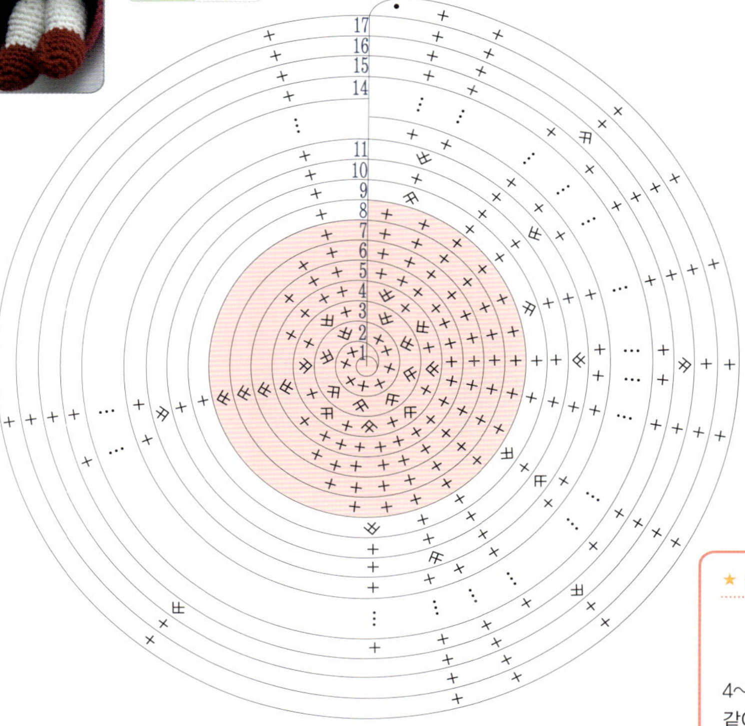

단수	콧수
1단	8코
2단	16코
3단	24코
★ 4단	22코
★ 5단	20코
★ 6단	18코
★ 7단	16코
8단	12코
9단	12코
10단	18코
⋮	⋮
14단	18코
15단	14코
16단	14코
17단	14코

★ 신발 코 줄임

4~7단에서 2코를
같이 뜬다.

❻ 머리 장식

꽃장식(아래) 빨간색

단수	콧수
1단	8코
2단	16코

꽃장식(위) 노란색

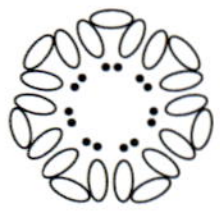

빨간색 꽃장식 위에 노란
색 실로 사슬 3코 피코를
7개 뜬다.

머리 둘레에 맞게 검은색 실로
사슬뜨기를 뜬 후 꽃장식에 연
결하여 머리에 둘러 묶는다.

전통 혼례
연지 곤지 찍고 수줍은 마음으로
백년해로를 약속하며…

재료

도구 코바늘 3호, 돗바늘

실 살색, 빨간색, 흰색, 파란색, 검은색, 연밤색 날염

부재료 4mm 콩단추 2개, 몰, 솜

만들기

❶ 뜨개 도안대로 얼굴, 몸, 팔, 다리, 신발, 사모 등을 뜬다.

❷ 얼굴에 솜을 채워 머리를 만든다.

❸ 몸에 코를 걸어 관복 자락을 뜨고 솜을 채워 넣은 후 머리와 몸의 목 부분을 감침질하여 연결한다.

❹ 다리에 솜을 채우고 몸에 감침질하여 연결한다.

❺ 목에 옷깃을 단다.

❻ 팔에 몰을 넣어 입구를 반 접어 감친 후 관복 소매를 입히고 몸에 감침질하여 연결한다(소매에 끼운 팔이 빠지지 않도록 몸을 같이 꿰맨다).

❼ 관복 상의 앞뒤로 흉배를 붙이고 관복 대를 두른다.

❽ 얼굴에 눈을 달고 입을 스티치로 표현한다.

❾ 다리에 신발을 신기고 머리에 사모를 씌운다.

---

❶ 얼굴

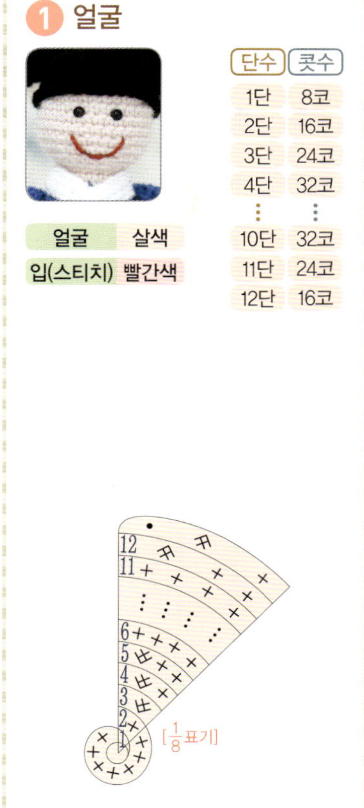

단수	콧수
1단	8코
2단	16코
3단	24코
4단	32코
⋮	⋮
10단	32코
11단	24코
12단	16코

얼굴	살색
입(스티치)	빨간색

❷ 몸

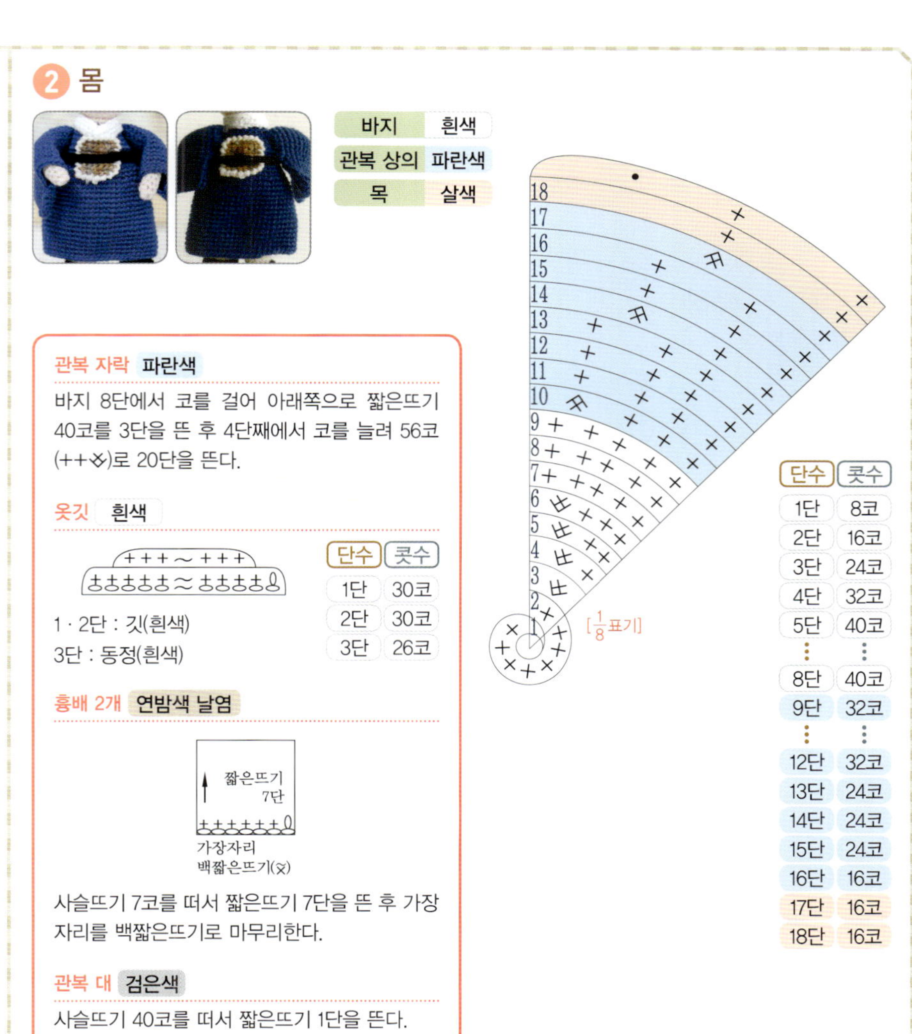

바지	흰색
관복 상의	파란색
목	살색

관복 자락 파란색

바지 8단에서 코를 걸어 아래쪽으로 짧은뜨기 40코를 3단을 뜬 후 4단째에서 코를 늘려 56코(++↘)로 20단을 뜬다.

옷깃 흰색

단수	콧수
1단	30코
2단	30코
3단	26코

1 · 2단 : 깃(흰색)

3단 : 동정(흰색)

흉배 2개 연밤색 날염

사슬뜨기 7코를 떠서 짧은뜨기 7단을 뜬 후 가장자리를 백짧은뜨기로 마무리한다.

관복 대 검은색

사슬뜨기 40코를 떠서 짧은뜨기 1단을 뜬다.

단수	콧수
1단	8코
2단	16코
3단	24코
4단	32코
5단	40코
⋮	⋮
8단	40코
9단	32코
⋮	⋮
12단	32코
13단	24코
14단	24코
15단	24코
16단	16코
17단	16코
18단	16코

❸ 다리 2개 `흰색`

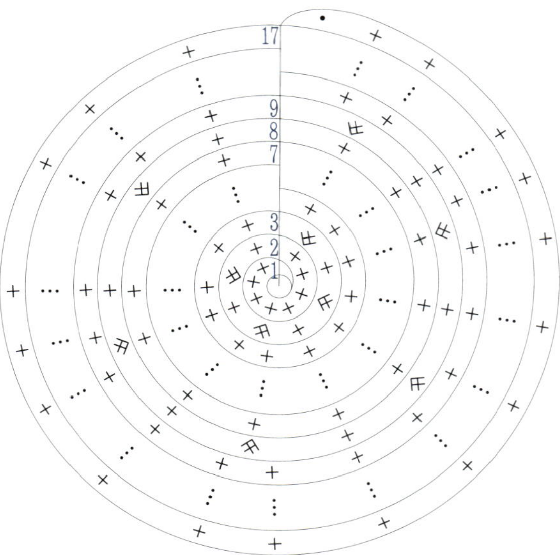

단수	콧수
1단	8코
2단	12코
⋮	⋮
7단	12코
8단	18코
⋮	⋮
17단	18코

❹ 신발 2개 `검은색`

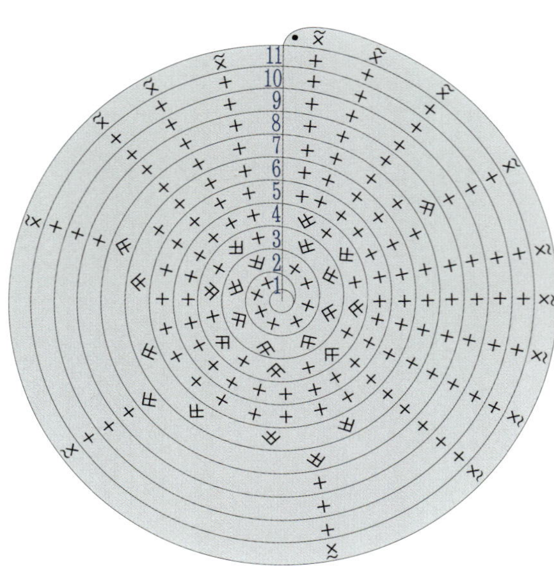

단수	콧수
1단	8코
2단	16코
3단	24코
4단	24코
5단	24코
★ 6단	19코
★ 7단	15코
8단	15코
⋮	⋮
11단	15코

★ **신발 코 줄임**

6단 : 앞볼 −5코(⋏⋏⋏⋏⋏)

7단 : 앞볼 −3코(⋏⋏⋏)

발뒤꿈치 −1코(⋏)

5 팔 2개

손 **살색**

팔 **흰색**

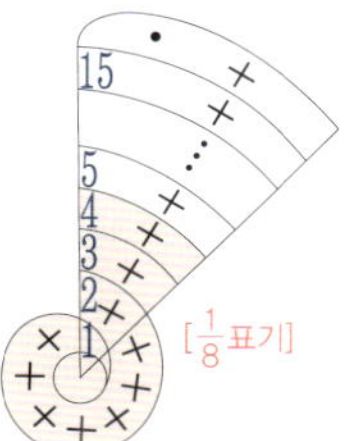

단수	콧수
1단	8코
2단	8코
3단	8코
4단	8코
⋮	⋮
15단	8코

관복 소매 **파란색**

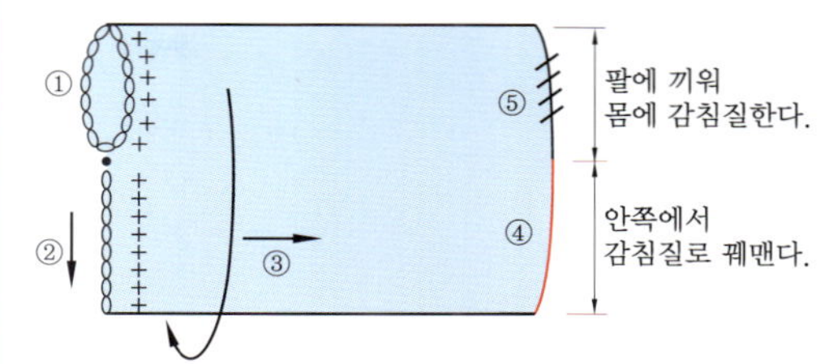

① 사슬뜨기 15코를 떠서 원을 만든다.
② 아래로 사슬뜨기 8코를 더 뜬다.
③ 코를 따라 원통으로 짧은뜨기 14단을 뜬다.
④ 안쪽에서 감침질로 꿰맨다.
⑤ 팔을 끼워 몸에 감침질하여 연결한다.

6 사모① **검은색**

단수	콧수
1단	8코
2단	16코
3단	24코
4단	32코
5단	32코
6단	32코
7단	36코
8단	36코

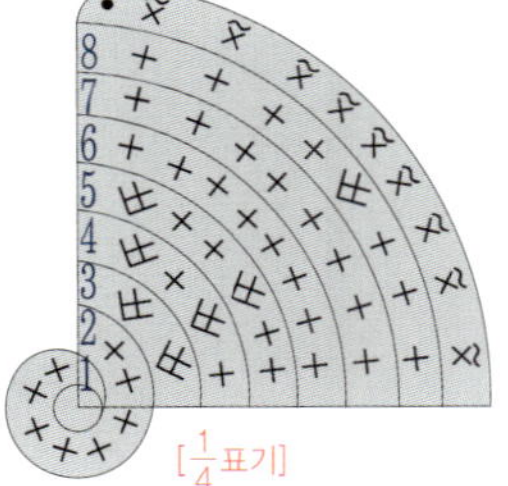

사모 조립

(옆면)　　　　(정면)

1. ②에 솜을 채워 ① 위에 감침질로 단다.
2. ③은 솜을 넣지 않고 반 접어 감친 후 옆면에
감침질로 달아 준다.

7 사모② **검은색**

단수	콧수
1단	8코
2단	16코
3단	24코
⋮	⋮
7단	24코

8 사모③ 2개 **검은색**

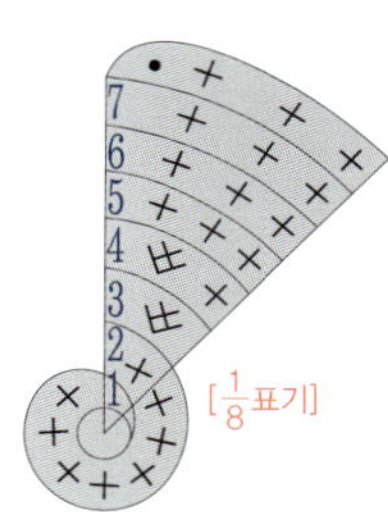

단수	콧수
1단	7코
2단	14코
3단	14코
4단	10코
⋮	⋮
7단	10코

재료

도구 코바늘 3호, 돗바늘

실 살색, 빨간색, 검은색, 흰색, 연두색, 파란색, 노란색, 진분홍색

부재료 4mm 콩단추 2개, 5mm 단추 1개, 2mm 진주 35개, 비녀, 몰, 솜

만들기

❶ 뜨개 도안대로 얼굴, 머리카락, 몸, 팔, 다리 등을 뜬다.

❷ 얼굴에 솜을 채워 넣고 머리카락을 감침질하여 달아 머리를 만든다(머리카락②에만 솜을 넣는다).

❸ 몸에 코를 걸어 치마와 원삼 자락을 뜨고 솜을 채워 넣은 후 머리를 감침질하여 연결한다.

❹ 다리에 솜을 채우고 몸에 감침질하여 연결한다.

❺ 목에 옷깃을 단다.

❻ 팔에 몰을 넣어 입구를 반 접어 감친 후 원삼 소매를 입히고 몸에 감침질하여 연결한다.

❼ 얼굴에 눈을 달고 입을 스티치로 표현한다.

❽ 양쪽 뺨에 연지를 표현하고, 족두리에 단추와 진주를 달아 머리에 씌운다.

❾ 뒷머리에 비녀를 꽂고 댕기를 드린다.

---

❶ 얼굴

얼굴	살색
입(스티치)	빨간색

단수	콧수
1단	8코
2단	16코
3단	24코
4단	32코
⋮	⋮
10단	32코
11단	24코
12단	16코

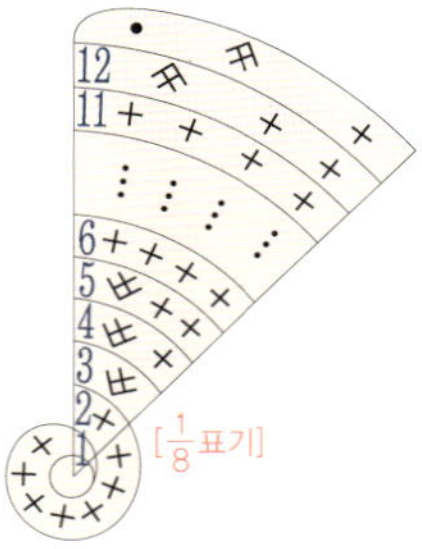

❷ 머리카락① 2개 검은색

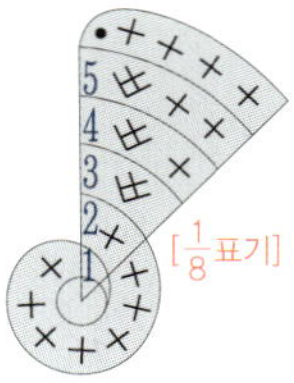

단수	콧수
1단	8코
2단	16코
3단	24코
4단	32코
5단	32코

머리카락

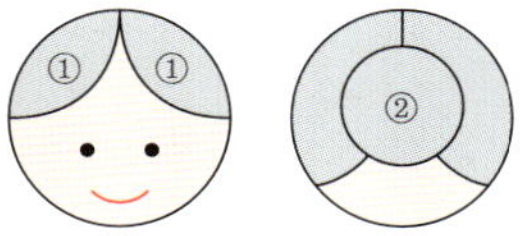

❸ 머리카락② 검은색

단수	콧수
1단	8코
2단	16코
3단	24코
4단	24코
5단	24코

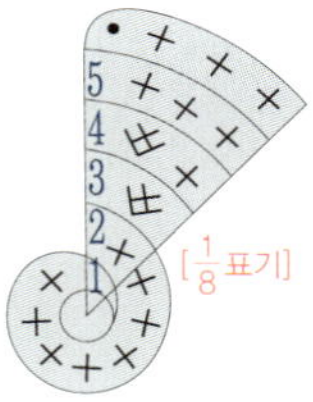

❹ 몸

속바지	흰색
띠	빨간색
저고리	연두색
목	살색

단수	콧수
1단	8코
2단	16코
3단	24코
4단	32코
5단	40코
⋮	⋮
8단	40코
9단	32코
10단	32코
11단	32코
12단	24코
⋮	⋮
15단	24코
16단	16코
17단	16코
18단	16코

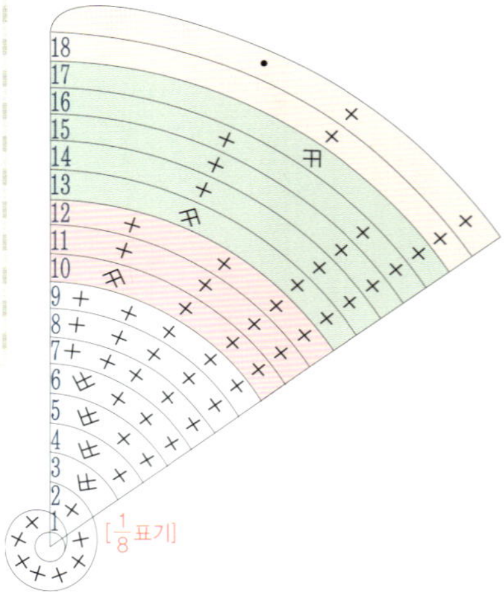

치마 빨간색

띠 9단(32코)에서 코를 걸고 아래쪽으로 코를 늘려 짧은뜨기 64코(⋈)를 23단 뜬다.

원삼 자락 연두색

앞 : 띠 11단 앞중심에서 양쪽으로 짧은뜨기 7코씩 13단을 뜬다.

뒤 : 띠 11단 뒤중심에서 짧은뜨기 10코로 13단을 뜬다.

옷깃 빨간색 흰색

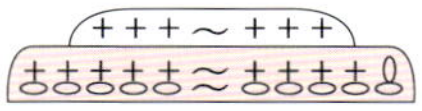

단수	콧수
1단	30코
2단	30코
3단	26코

1 · 2단 : 깃(빨간색)

3단 : 동정(흰색)

❺ 팔 2개

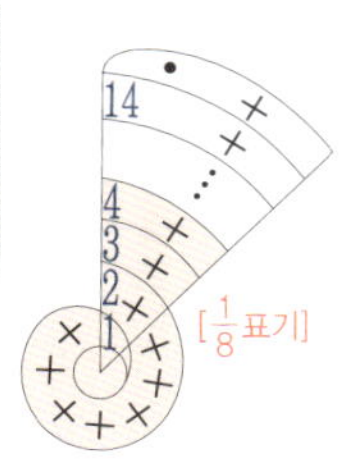

손	살색
팔	흰색

단수	콧수
1단	8코
2단	8코
3단	8코
4단	8코
⋮	⋮
14단	8코

$[\frac{1}{8}$ 표기$]$

원삼 소매

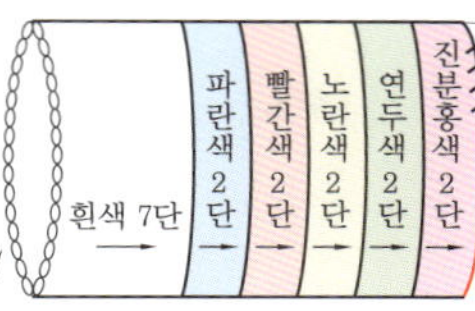

그림처럼 뜬 후 원삼 소매에 팔을 끼워 넣어 몸의 어깨 자리를 잡아 감침질로 단다.

❻ 다리 2개

신발	노란색
속바지	흰색

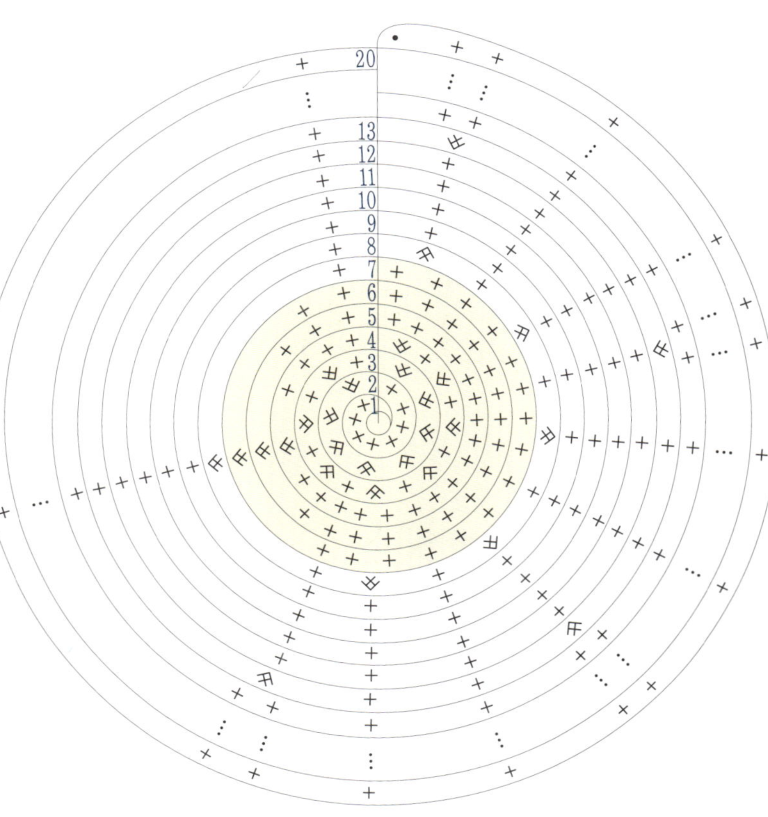

단수	콧수
1단	8코
2단	16코
3단	24코
★ 4단	22코
★ 5단	20코
★ 6단	18코
7단	12코
8단	12코
9단	12코
10단	12코
11단	12코
12단	16코
⋮	⋮
20단	16코

★ 신발 코 줄임

4~6단에서 2코를 같이 뜬다.

❼ 족두리 검은색

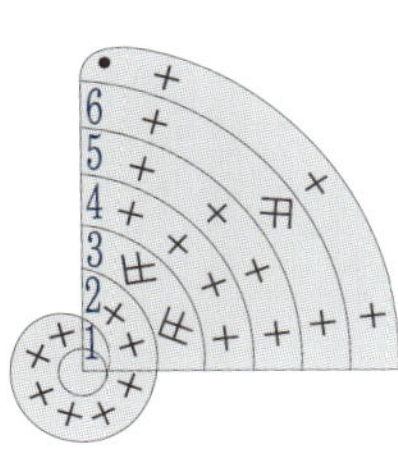

단수	콧수
1단	8코
2단	16코
3단	16코
4단	16코
5단	11코
6단	11코

❽ 댕기 빨간색

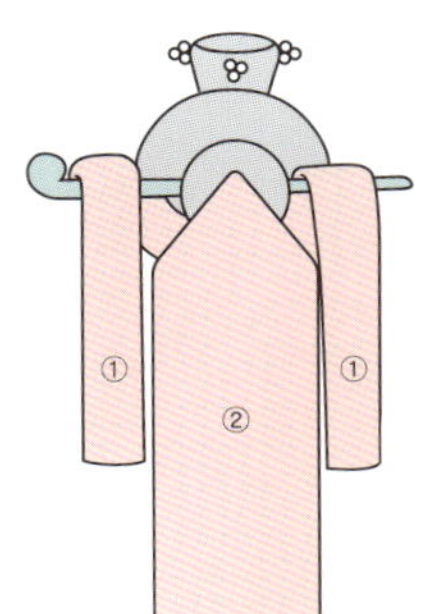

① 사슬뜨기를 4코 떠서 짧은 뜨기 68단을 뜬다. ①

② 사슬뜨기를 9코 떠서 짧은 뜨기 12단을 뜬 후 13단부터 양쪽으로 1코씩 줄여 모양을 만들고 둘레를 백짧은뜨기(✕)한다. ②

풍물놀이

흥겨운 가락에 맞추어
장구도 치고 북도 두드리며
신 나게 놀아 볼까요?

재료

도구 코바늘 3호, 돗바늘

실 살색, 빨간색, 흰색, 검은색, 파란색, 노란색, 진밤색, 커피색, 진겨자색, 진팥색

부재료 4mm 콩단추 12개(6명분), 몰, 솜

만들기

❶ 뜨개 도안대로 얼굴, 머리카락, 몸, 팔, 다리, 상모, 악기 등을 뜬다.

❷ 얼굴에 솜을 채워 넣고 머리카락을 감침질하여 달아 머리를 만든다(인형에 따라 머리카락을 달리한다).

❸ 몸에 코를 걸어 앞뒤로 옷자락을 뜨고 솜을 채워 넣은 후 머리와 몸의 목 부분을 감침질하여 연결한다.

❹ 다리에 솜을 채우고 몸에 감침질하여 연결한다.

❺ 목에 옷깃을 단다.

❻ 팔에 코를 걸어 소맷부리를 뜨고 몰을 넣은 후 입구를 반 접어 감치고 몸에 감침질하여 연결한다.

❼ 얼굴에 눈을 달고 입을 스티치로 표현한다.

❽ 몸에 어깨띠와 허리띠를 둘러 묶어 주고 이마에 머리띠를 두른다.

❾ 인형에 따라 끈을 끼워 상모나 고깔모자를 씌운 후 악기를 달고 모양을 잡는다.

---

❶ 얼굴

얼굴	살색
입(스티치)	빨간색

[⅛ 표기]

단수	콧수
1단	8코
2단	16코
3단	24코
4단	32코
⋮	⋮
10단	32코
11단	24코
12단	16코

❷ 머리카락 2개

단수	콧수
1단	8코
2단	16코
3단	24코
4단	32코
5단	32코

[⅛ 표기]

소고 · 장구 · 꽹과리	검은색
태평소 · 징 · 북	진밤색

머리카락

도안대로 2개를 떠서 붙이거나 댕기머리, 갈래머리 등 인형에 따라 머리카락 모양과 색을 달리해 준다.

댕기머리 : 71쪽 몽룡 참고

앞머리와 갈래머리 : 92쪽 소녀 참고

---

❸ 몸

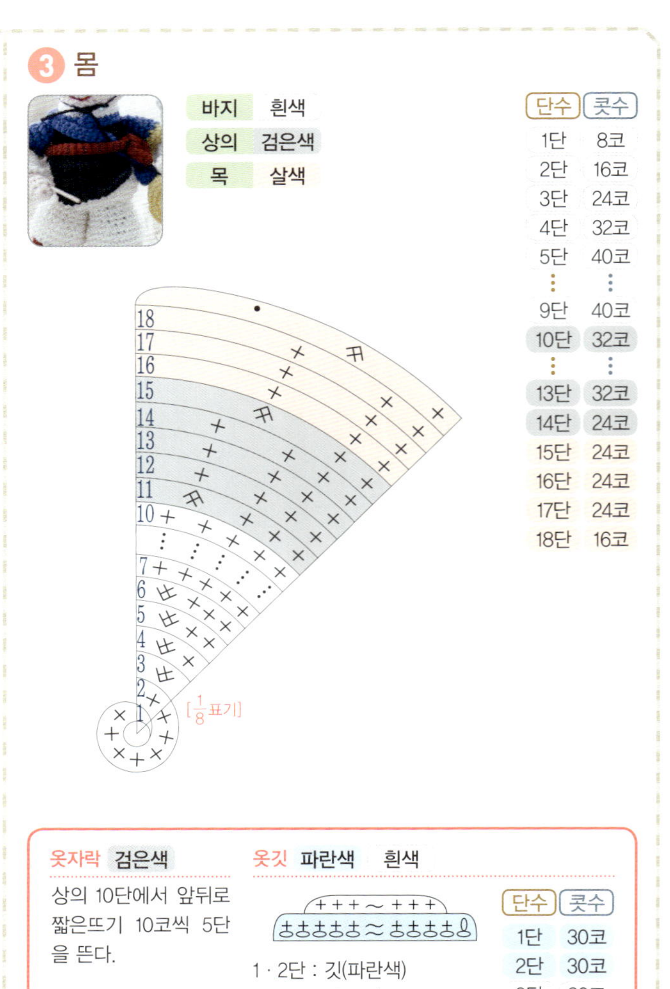

바지	흰색
상의	검은색
목	살색

[⅛ 표기]

단수	콧수
1단	8코
2단	16코
3단	24코
4단	32코
5단	40코
⋮	⋮
9단	40코
10단	32코
⋮	⋮
13단	32코
14단	24코
15단	24코
16단	24코
17단	24코
18단	16코

옷자락	검은색

상의 10단에서 앞뒤로 짧은뜨기 10코씩 5단을 뜬다.

옷깃 파란색 흰색

	단수	콧수
1 · 2단 : 깃(파란색)	1단	30코
	2단	30코
3단 : 동정(흰색)	3단	26코

 **④ 팔** 2개

단수	콧수
1단	8코
⋮	⋮
8단	8코
9단	16코
10단	16코
11단	16코
12단	16코
⋮	⋮
15단	16코
16단	11코

손	살색
소매 색동	노란색
소매 색동	파란색

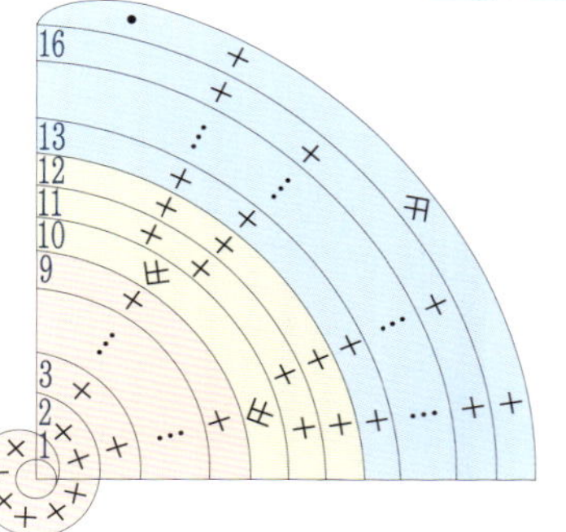

소맷부리 흰색

소매 색동 9단에서 코를 걸어 아래로 흰색 16코 4단을 뜨고 백짧은뜨기한다.

---

⑤ 다리 2개

소고 · 장구 · 꽹과리 신발	커피색
태평소 · 징 · 북 신발	진겨자색
대님	빨간색
바지	흰색

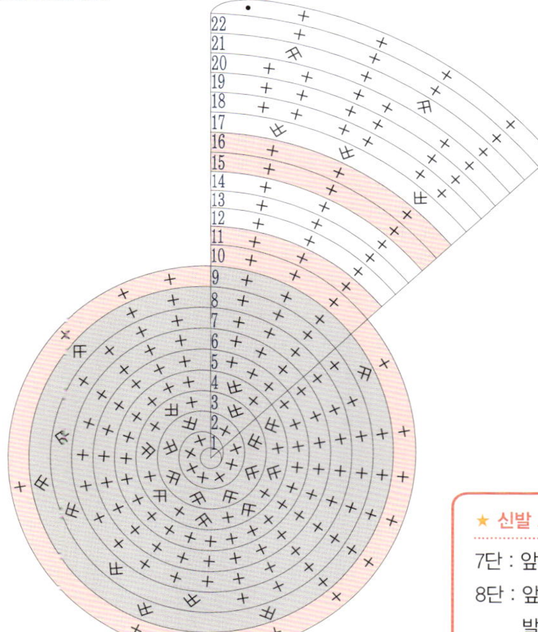

단수	콧수
1단	8코
2단	16코
3단	24코
⋮	⋮
6단	24코
★ 7단	20코
★ 8단	15코
9단	15코
10단	15코
11단	15코
12단	15코
13단	15코
14단	15코
15단	15코
16단	30코
⋮	⋮
19단	30코
20단	20코
21단	20코
22단	20코

★ 신발 코 줄임

7단 : 앞볼 −4코(쏫쏫쏫쏫)

8단 : 앞볼 −4코(쏫쏫쏫쏫)

발뒤꿈치 −1코(쏫)

---

⑥ 상모① 2개

단수	콧수
1단	8코
2단	16코
3단	24코
4단	32코
5단	32코

위	검은색
아래	빨간색

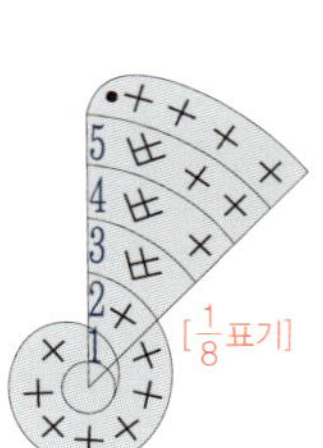

$[\frac{1}{8}$표기$]$

---

⑦ 상모② 검은색

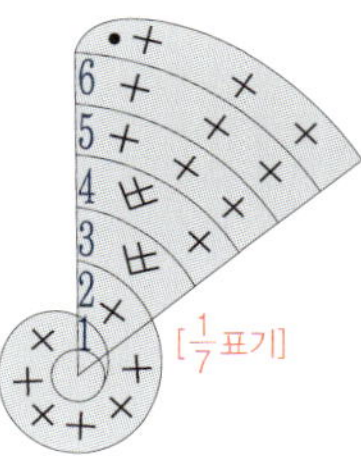

단수	콧수
1단	7코
2단	14코
3단	21코
⋮	⋮
6단	21코

$[\frac{1}{7}$표기$]$

상모 만드는 법

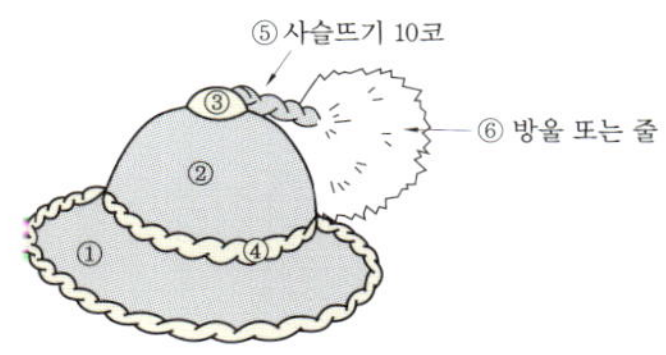

1. 상모①을 2장(검은색 1장+빨간색 1장) 겹쳐 사이에 종이를 넣은 후 둘레를 노란색 실로 백짧은뜨기(쏫)하여 연결한다.

2. 상모②에 솜을 넣어 감치기로 상모 ①과 연결한다.

3. 상모② 끝에 노란색 실로 사슬뜨기를 1코 뜬 후 짧은뜨기 8코 1단을 떠서 상모③을 만든다.

4. 상모①과 ②를 연결한 위에 노란색 실로 ④ 사슬뜨기 28코를 뜬다.

5. 상모③ 끝에 검은색 실로 사슬뜨기 10코를 떠서 ⑤ 끈을 만든다.

6. ⑤ 끈 끝에 ⑥ 방울이나 줄을 단다.

7. 상모 아래쪽에 검은색 실을 끼워 얼굴에 둘러 턱 아래서 리본을 묶는다.

방울 만드는 법

5cm 정도 길이의 종이에 실을 30회 정도 감아 가운데를 묶어 준 후 동그랗게 가위로 잘라 정리해 준다.

줄 만드는 법

사슬뜨기 50코를 뜨고 짧은뜨기 1단을 뜬다.

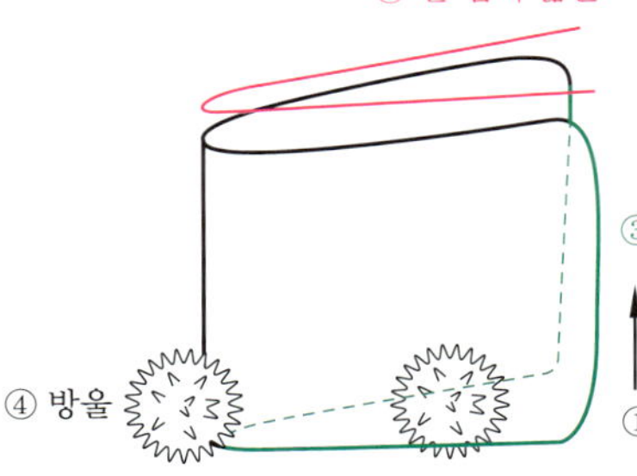

① 사슬뜨기 34코를 떠서 짧은뜨기 17단을 뜬다.
② 반 접어 짧은뜨기로 잇는다.
③ 가장자리를 백짧은뜨기한다.
④ 방울(노란색 1개, 빨간색 2개)을 만들어 단다.

---

⑨ 태평소   노란색

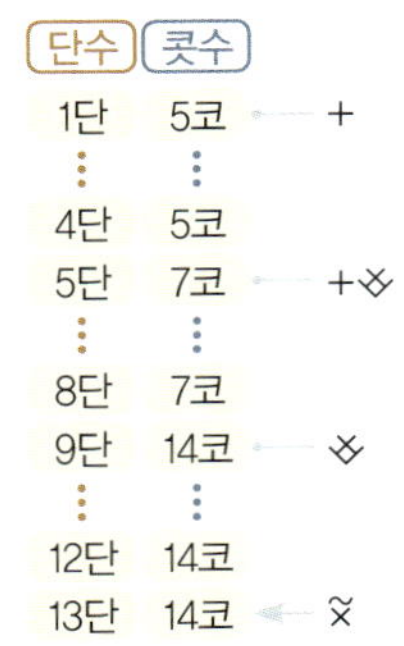

단수	콧수	
1단	5코	+
⋮	⋮	
4단	5코	
5단	7코	+⩔
⋮	⋮	
8단	7코	
9단	14코	⩔
⋮	⋮	
12단	14코	
13단	14코	⩕

⑩ 소고   흰색   진겨자색

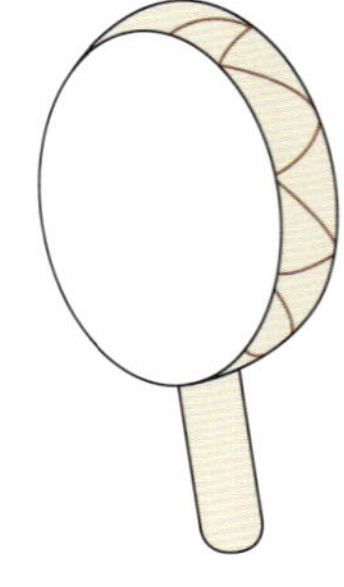

단수	콧수	
1단	8코	+
2단	16코	⩔
3단	24코	+⩔
4단	24코	
5단	24코	
6단	24코	

1. 6단(1~4단 흰색 : 한쪽 북면, 5~6단 진겨자색 : 옆면)까지 1장을 뜬다.
2. 4단(흰색 : 나머지 한쪽 북면)까지 1장을 뜬다.
3. 2의 지름과 같은 원을 두꺼운 도화지에 그려 2장 준비한다.
4. 1에 3의 도화지 1장을 대고 사이에 솜을 채워 넣은 후 나머지 도화지 1장을 대고 2를 맞붙여 감침질하여 북통을 만든다.
5. 양쪽 북면 4단 끝에 실을 어슷하게 끼워 옆면의 줄을 표현한다.
6. 사슬뜨기 7코를 원으로 뜨고 짧은뜨기 4단을 떠서 손잡이를 만들어 감침질로 단다.

---

⑪ 징   노란색

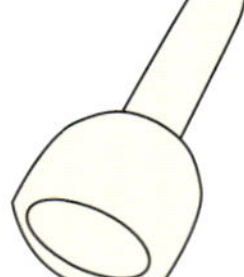

단수	콧수	
1단	8코	+
2단	16코	⩔
3단	24코	+⩔
4단	32코	++⩔
5단	40코	+++⩔
6단	48코	++++⩔
7단	48코	
8단	48코	
9단	40코	+++⩔

손잡이 줄 검은색
사슬뜨기 10코를 떠서 양끝을 징 옆면에 빼뜨기로 달고 남은 실은 안쪽에서 속으로 넣어 감춘다.

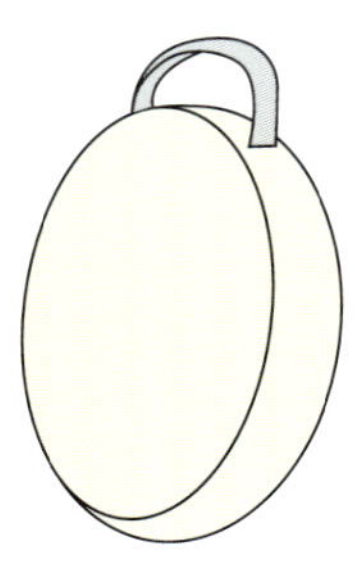

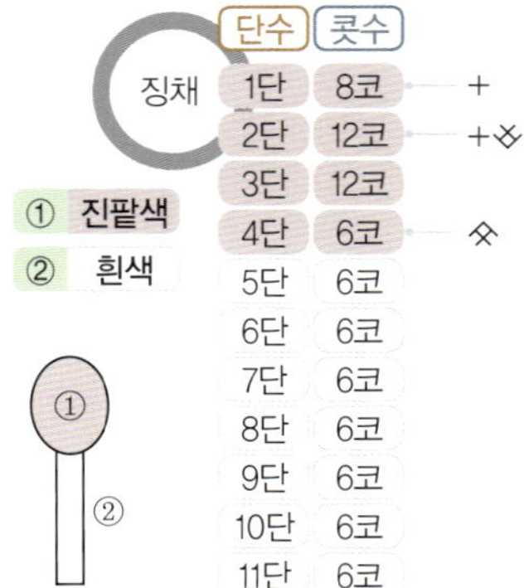

징채

① 진팥색
② 흰색

단수	콧수	
1단	8코	+
2단	12코	+⩔
3단	12코	
4단	6코	⩓
5단	6코	
6단	6코	
7단	6코	
8단	6코	
9단	6코	
10단	6코	
11단	6코	
12단	6코	

⑫ 북 [흰색] [진겨자색]

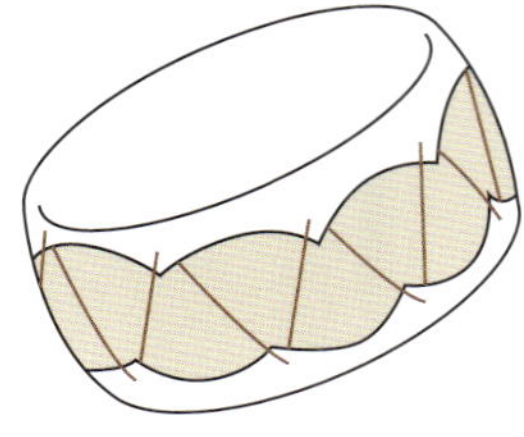

단수	콧수	
1단	8코	+
2단	16코	✕
3단	24코	+✕
4단	32코	++✕
5단	40코	+++✕
6단	48코	++++✕
7단	48코	
8단	48코	
⋮	⋮	
14단	48코	

북 어깨끈 [빨간색]
사슬뜨기 45코를 뜬 후 짧은뜨기 1단을 뜬다.

1. 14단(1~6단 흰색 : 한쪽 북면, 7~14단 진겨자색 : 옆면)까지 1장을 뜬다.
2. 6단(흰색 : 나머지 한쪽 북면)까지 1장을 뜬다.
3. 2의 지름과 같은 원을 두꺼운 도화지에 그려 2장 준비한다.
4. 1에 3의 도화지 1장을 대고 사이에 솜을 채워 넣은 후 나머지 도화지 1장을 대고 2를 맞붙여 감침질하여 북통을 만든다.
5. 양쪽 북면 6단 끝에 코를 걸어 흰색 실로 짧은뜨기 1단을 떠 준다.
6. 5에서 짧은뜨기한 양쪽 끝에 실을 어슷하게 끼워 옆면의 줄을 표현한다.
7. 북 어깨끈을 떠서 북과 연결한다.

⑬ 장구 [흰색] [진겨자색]

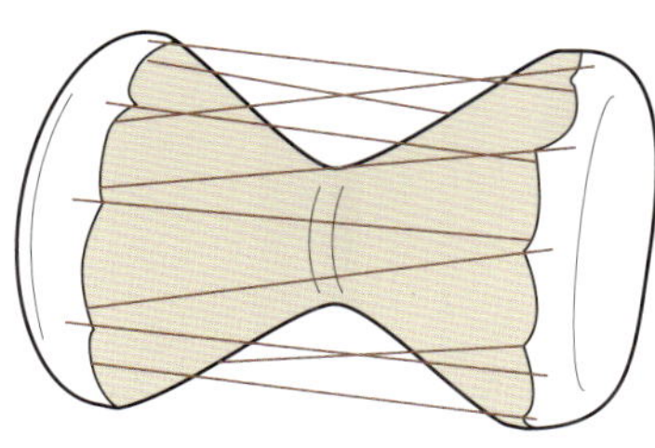

울림통

단수	콧수	
1단	32코	++++
2단	32코	
3단	24코	++✕
4단	24코	
5단	16코	+✕
6단	16코	
7단	8코	✕
8단	16코	∀∀
9단	8코	+
10단	16코	✕
11단	16코	
12단	24코	+✕
13단	24코	
14단	32코	++✕
15단	32코	

북편과 채편

단수	콧수	
1단	8코	+
2단	16코	✕
3단	24코	+✕
4단	32코	++✕
5단	40코	+++✕
6단	40코	+++++

장구 어깨끈 [파란색]
사슬뜨기 35코를 뜬 후 짧은뜨기 1단을 뜬다.

1. 북편과 채편을 1~6단(흰색)까지 각각 1장씩 뜬다.
2. 울림통을 1~15단(진겨자색)까지 1장을 뜬다.
3. 1의 지름과 같은 원을 두꺼운 도화지에 그려 2장 준비한다.
4. 2에 솜을 채워 넣고 양쪽에 3의 도화지를 댄 후 1을 감침질하여 장구통을 만든다.
5. 북편과 채편 6단 끝에 코를 걸어 흰색 실로 짧은뜨기 1단을 떠 준다.
6. 5에서 짧은뜨기한 양쪽 끝에 운동화끈 끼듯이 실을 어슷하게 끼워 옆면의 줄을 표현한다.
7. 장구 어깨끈을 떠서 장구와 연결한다.

⑭ 꽹과리 [노란색]

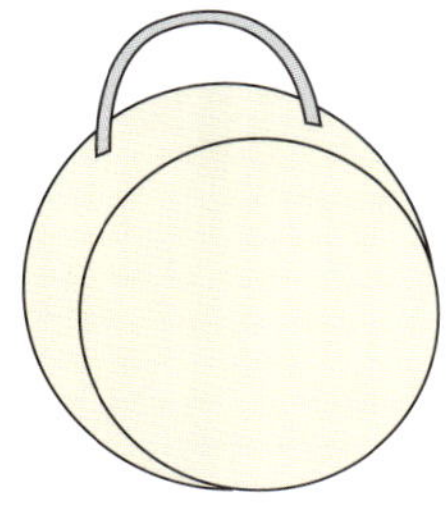

단수	콧수	
1단	8코	+
2단	16코	✕
3단	24코	+✕
4단	32코	++✕
5단	32코	
6단	26코	+++✕

손잡이 줄 [검은색]
사슬뜨기 10코를 떠서 양끝을 꽹과리 옆면에 빼뜨기로 달고 남은 실은 안쪽에서 속으로 넣어 감춘다.

⑮ 장식띠

어깨띠 [빨간색] [노란색] [파란색]
사슬뜨기 55코를 뜬 후 짧은뜨기 1단을 뜬다.

허리띠 [빨간색] [노란색] [파란색]
사슬뜨기 83코를 뜬 후 짧은뜨기 1단을 뜬다.

머리띠 [흰색]
사슬뜨기 50코를 뜬 후 짧은뜨기 4단을 뜨고 앞중심에 방울을 단다.

소년과 소녀

예쁜 풍선을 들고 좋아하는
소녀의 모습을 화폭에 담으며
소년도 마음속에 이 순간의
추억을 그림으로
그려 봅니다.

재료

도구 코바늘 3호, 돗바늘
실 살색, 빨간색, 진팥색, 흰색, 청록색, 진밤색, 노란색
부재료 4mm 콩단추 2개, 5mm 단추 2개, 몰, 솜

만들기

❶ 뜨개 도안대로 얼굴, 머리카락, 귀, 몸, 팔, 다리, 신발, 모자 등을 뜬다.

❷ 얼굴에 솜을 채워 넣고 머리카락을 감침질하여 달아 머리를 만든다.

❸ 몸에 코를 걸어 옷깃을 뜨고 솜을 채워 넣은 후 머리와 몸의 목 부분을 감침질하여 연결한다.

❹ 다리에 솜을 채우고 몸에 감침질하여 연결한다.

❺ 팔에 코를 걸어 소맷부리를 뜨고 몰을 넣은 후 입구를 반 접어 감치고 몸에 감침질하여 연결한다.

❻ 바지를 입히고 어깨끈을 연결한 후 목에 스카프를 묶어 준다.

❼ 귀를 반 접어 감친 후 얼굴 양옆에 감침질하여 단다(귀에는 솜을 넣지 않는다).

❽ 얼굴에 눈을 달고 입을 스티치로 표현한다.

❾ 다리에 신발을 신기고 신발끈을 끼운다.

❿ 바지에 단추를 달고 모자를 씌운다.

---

❶ 얼굴

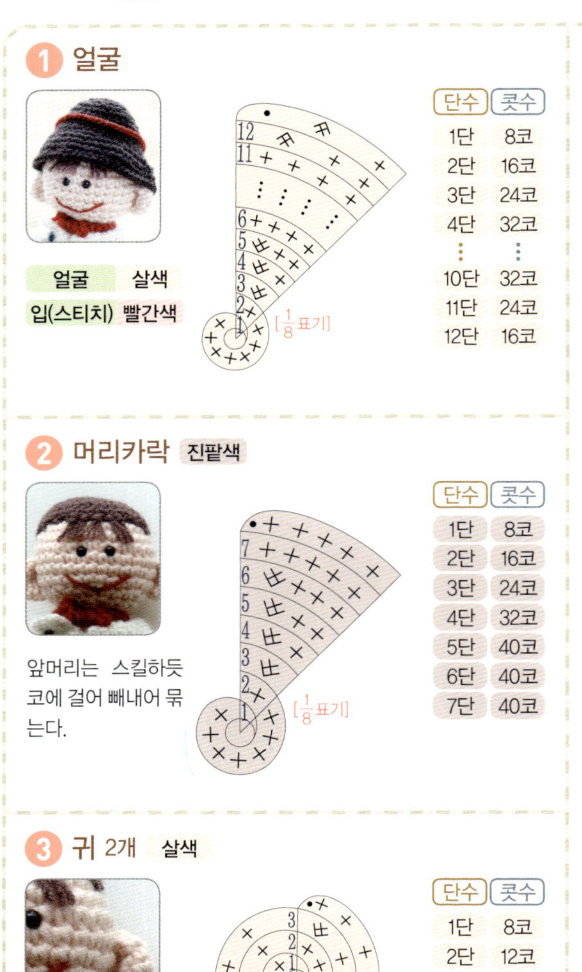

얼굴 살색
입(스티치) 빨간색

[⅛표기]

단수	콧수
1단	8코
2단	16코
3단	24코
4단	32코
⋮	⋮
10단	32코
11단	24코
12단	16코

❷ 머리카락 진팥색

앞머리는 스킬하듯 코에 걸어 빼내어 묶는다.

[⅛표기]

단수	콧수
1단	8코
2단	16코
3단	24코
4단	32코
5단	40코
6단	40코
7단	40코

❸ 귀 2개 살색

단수	콧수
1단	8코
2단	12코
3단	12코

❹ 몸

몸 흰색
목 살색

[⅛표기]

단수	콧수
1단	8코
2단	16코
3단	24코
4단	32코
⋮	⋮
8단	32코
9단	24코
⋮	⋮
13단	24코
14단	24코
15단	16코
16단	16코

옷깃 흰색

| 2코 | 10코 | 5코 | 10코 | 2코 | 2단 1단 |

1단 : 사슬뜨기(○) 29코
2단 : 빼뜨기(•) 2코＋
1길 긴뜨기(干) 10코＋
1코에 1길 긴뜨기 2코 늘려뜨기(V) 5코＋
1길 긴뜨기(干) 10코＋
빼뜨기(•) 2코

스카프 빨간색

사슬뜨기 30코를 떠서 짧은뜨기 1단을 뜬다.

바지 청록색

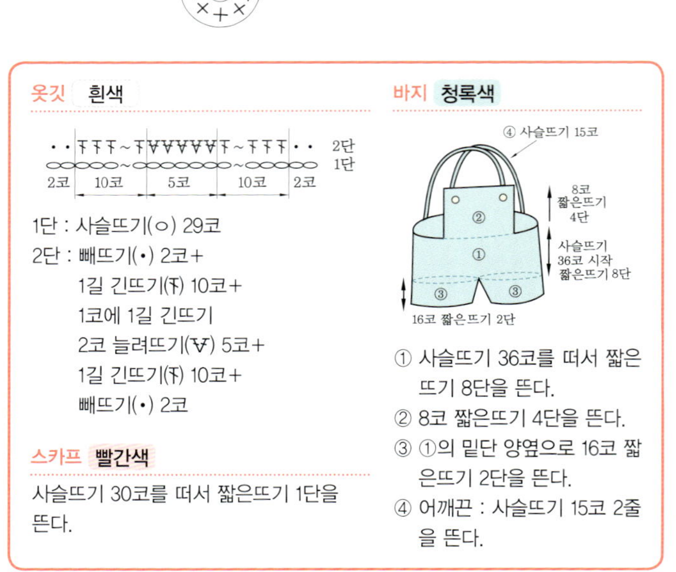

① 사슬뜨기 36코를 떠서 짧은뜨기 8단을 뜬다.
② 8코 짧은뜨기 4단을 뜬다.
③ ①의 밑단 양옆으로 16코 짧은뜨기 2단을 뜬다.
④ 어깨끈 : 사슬뜨기 15코 2줄을 뜬다.

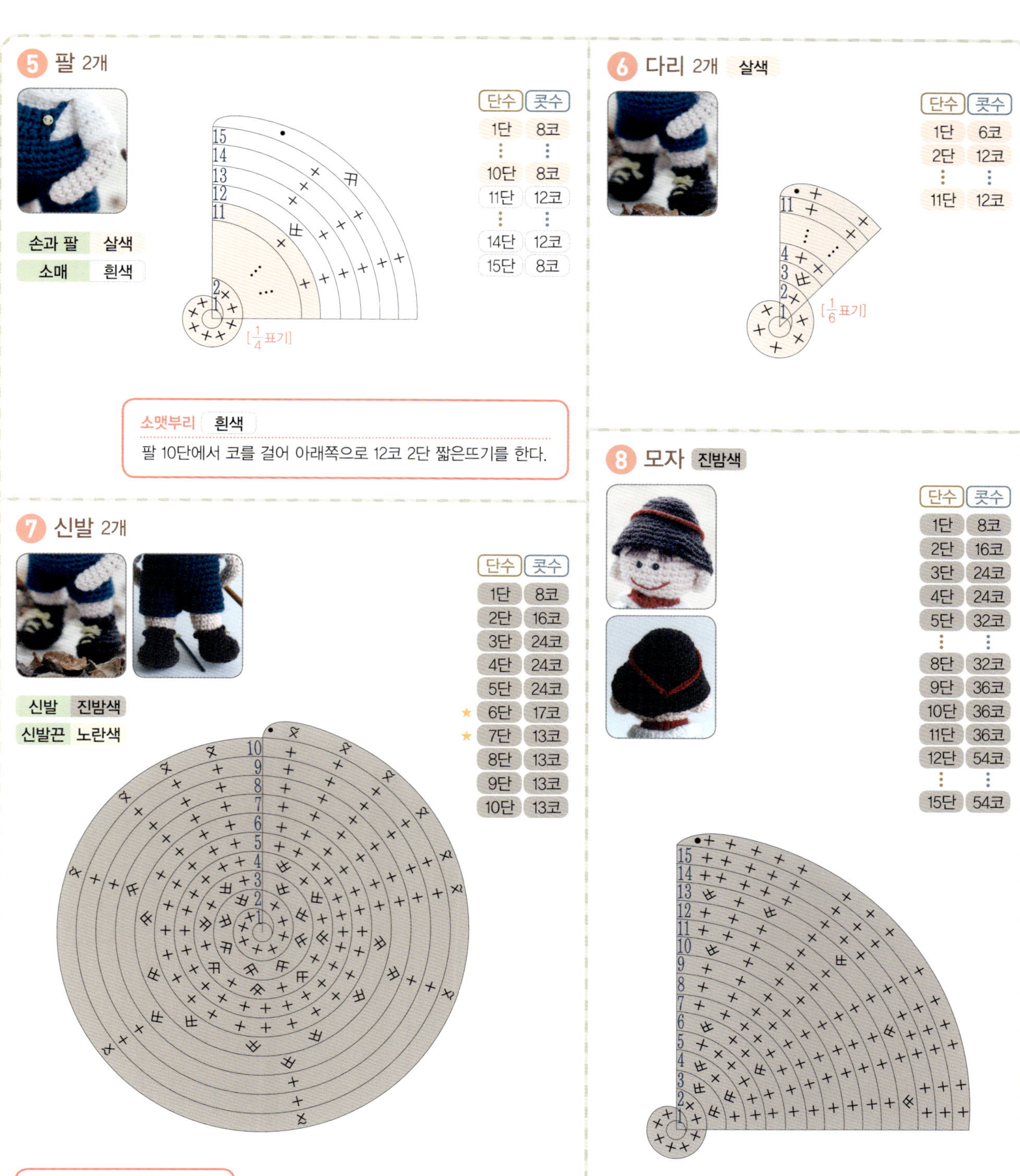

⑤ 팔 2개

손과 팔 　살색
소매 　흰색

단수	콧수
1단	8코
⋮	⋮
10단	8코
11단	12코
⋮	⋮
14단	12코
15단	8코

[¼ 표기]

소맷부리 　흰색
팔 10단에서 코를 걸어 아래쪽으로 12코 2단 짧은뜨기를 한다.

⑥ 다리 2개 　살색

단수	콧수
1단	6코
2단	12코
⋮	⋮
11단	12코

[⅙ 표기]

⑦ 신발 2개

신발 　진밤색
신발끈 　노란색

단수	콧수
1단	8코
2단	16코
3단	24코
4단	24코
5단	24코
★ 6단	17코
★ 7단	13코
8단	13코
9단	13코
10단	13코

참고
인형을 만들 때 다리 3단까지 신발에 넣어 홈질한 후 노란색 실 15cm를 잘라서 모양대로 신발에 끼워 리본을 묶는다.

★ 신발 코 줄임
6단 : 앞볼 −7코(⋏⋏⋏⋏⋏⋏⋏)
7단 : 앞볼 −4코(⋏⋏⋏⋏)

⑧ 모자 　진밤색

단수	콧수
1단	8코
2단	16코
3단	24코
4단	24코
5단	32코
⋮	⋮
8단	32코
9단	36코
10단	36코
11단	36코
12단	54코
⋮	⋮
15단	54코

모자 장식끈 　빨간색
사슬뜨기 50코를 떠서 모자 윗부분에 대고 빼뜨기한다.

재료

도구 코바늘 3호, 돗바늘

실 살색, 빨간색, 검은색, 흰색, 노란색, 연두색, 진밤색

부재료 4mm 콩단추 2개, 5mm 단추 2개, 몰, 솜

만들기

① 뜨개 도안대로 얼굴, 머리카락, 몸, 속치마, 치마, 팔, 다리, 모자 등을 뜬다.

② 얼굴에 솜을 채워 넣고 머리카락을 감침질하여 달아 머리를 만든다(갈래머리는 머리카락을 달기 전에 먼저 얼굴 양옆에 감쳐 단다).

③ 몸에 코를 걸어 속치마와 치마, 앞치마, 옷깃을 뜨고 솜을 채워 넣은 후 머리와 몸의 목 부분을 감침질하여 연결한다.

④ 다리에 솜을 채우고 몸에 감침질하여 연결한다.

⑤ 팔에 코를 걸어 소맷부리를 뜨고 몰을 넣은 후 입구를 반 접어 감치고 몸에 감침질하여 연결한다.

⑥ 앞치마 허리 위로 허리끈을 둘러 뒤에서 리본을 묶는다.

⑦ 얼굴에 눈을 달고 입을 스티치로 표현한다.

⑧ 신발에 끈을 끼우고 상의에 단추를 단 후 모자를 씌운다.

---

① 얼굴

단수	콧수
1단	8코
2단	16코
3단	24코
4단	32코
⋮	⋮
10단	32코
11단	24코
12단	16코

얼굴	살색
입(스티치)	빨간색

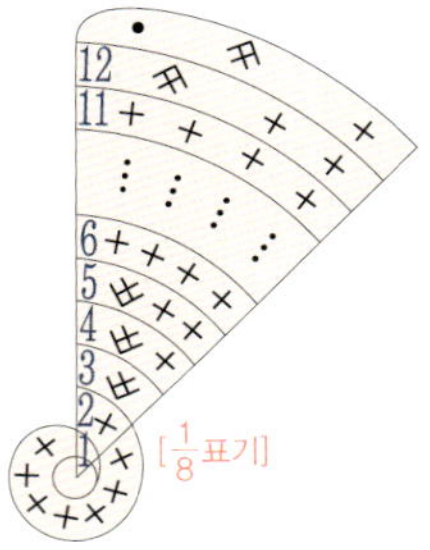

$[\frac{1}{8}$ 표기]

② 머리카락 2개 검은색

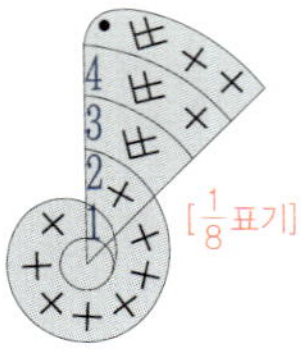

단수	콧수
1단	8코
2단	16코
3단	24코
4단	32코

$[\frac{1}{8}$ 표기]

앞머리

스킬하듯 코에 걸어 빼내어 묶는다.

갈래머리 2개

검은색 실 6올을 20cm 길이로 잘라 반 접어 4올씩 3가닥을 잡아 땋은 후 끝자락을 정리하고 연두색 끈으로 묶는다.

---

③ 몸

단수	콧수
1단	8코
2단	16코
3단	24코
4단	32코
⋮	⋮
8단	32코
9단	24코
10단	24코
11단	24코
⋮	⋮
14단	24코
15단	16코
16단	16코

속바지	흰색
허리	노란색
상의	빨간색

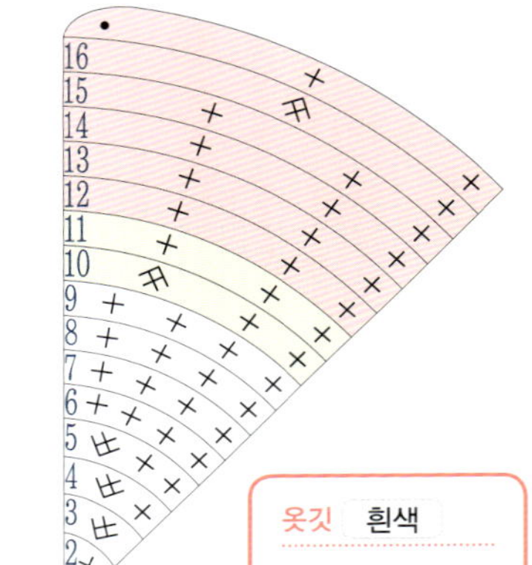

$[\frac{1}{8}$ 표기]

옷깃 흰색

상의 16단에 코를 걸어 뜬다.

④ 속치마 흰색

속치마는 몸의 속바지 6단(32코)에서 코를 걸어 1단 32코를 잡고 떠 내려간다.

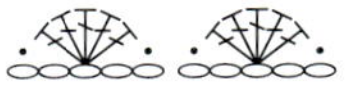

단수	콧수	
1단	32코	
2단	32코	
3단	48코	+ｖ
4단	48코	
5단	62코	++ｖ
6단	62코	
7단	62코	
8단	62코	
9단	프릴	

속치마 프릴 흰색

⑤ 치마 [연두색]

치마는 몸의 속바지 8단(32코)에서 코를 걸어 1단 32코를 잡고 떠 내려간다.

앞치마 [노란색]

몸의 허리 9단 앞중심에서 코를 걸어 짧은뜨기 20코를 7단 뜬 후에 가장자리를 백짧은뜨기한다.

허리끈 [노란색]

사슬뜨기 75코를 뜬 후 짧은뜨기 1단을 뜬다.

단수	콧수	
1단	32코	
⋮	⋮	
4단	32코	
5단	48코	+⩓
6단	48코	
7단	62코	++⩓
8단	62코	
9단	62코	

⑥ 팔 2개

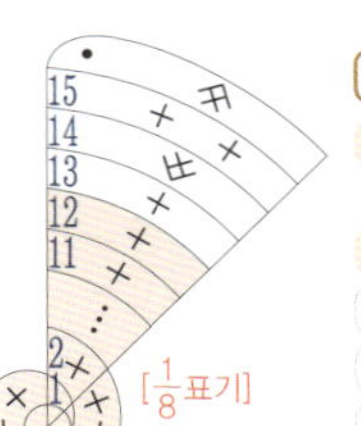

| 손과 팔 | 살색 |
| 소매 | 흰색 |

단수	콧수
1단	8코
⋮	⋮
11단	8코
12단	8코
13단	16코
14단	16코
15단	8코

소매 프릴 [흰색]

소매 12단에서 코를 걸어 프릴을 뜬다.

⑦ 다리 2개

신발	진밤색
양말	흰색
다리	살색
속바지	흰색
신발끈	노란색

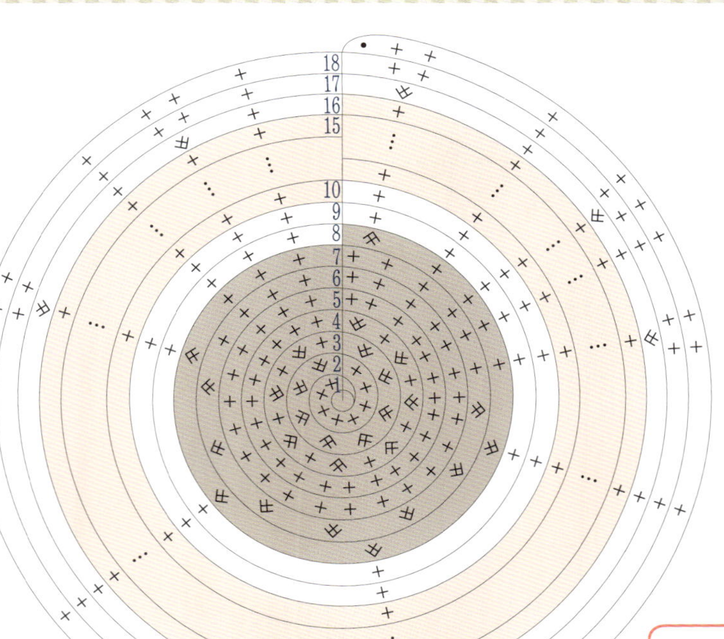

단수	콧수
1단	8코
2단	16코
3단	24코
4단	24코
5단	24코
★ 6단	17코
★ 7단	12코
8단	12코
9단	12코
10단	12코
⋮	⋮
15단	12코
16단	18코
17단	18코
18단	18코

속바지 프릴 [흰색]

속바지 16단에서 코를 걸어 프릴을 뜬다.

★ 신발 코 줄임

6단 : 앞볼 −7코(⩓⩓⩓⩓⩓⩓⩓)

7단 : 앞볼 −4코(⩓⩓⩓⩓)

발뒤꿈치 −1코(⩓)

⑧ 모자 [흰색]

모자 옆면

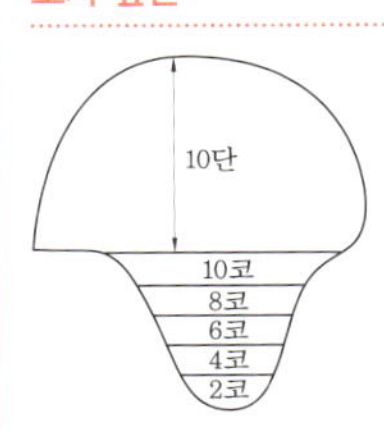

양쪽 귀 부분에서 10코를 뜨고 아래로 2코씩 줄여 가며 5단을 떠서 옆면을 만든 후 모자 전체 둘레를 백짧은뜨기한다.

단수	콧수	
1단	8코	+
2단	16코	⩓
3단	24코	+⩓
4단	32코	++⩓
5단	40코	+++⩓
⋮	⋮	
10단	40코	

할머니와 아주머니

인자하신 할머니가
정성껏 뜨개질을 하시네요.
할머니 옆에서 아주머니가
기대를 하는군요.

도구 코바늘 3호, 돗바늘

실 살색, 회색, 흰색, 연분홍색, 흰색(앙고라), 진밤색, 노란색, 보라색, 빨간색

부재료 4mm 콩단추 2개, 2mm 진주 2개, 공예용 와이어, 이쑤시개 2개, 몰, 솜

1 뜨개 도안대로 얼굴, 머리카락, 몸, 솔, 팔, 다리 등을 뜬다.

2 얼굴에 솜을 채워 넣고 머리카락을 감침질하여 달아 머리를 만든다(머리카락②에만 솜을 넣는다).

3 몸에 코를 걸어 치마를 뜨고 솜을 채워 넣은 후 머리와 몸의 목 부분을 감침질하여 연결한다.

4 다리에 솜을 채우고 몸에 감침질하여 단다.

5 팔에 몰을 넣고 입구를 반 접어 감친 후 몸에 감침질하여 연결한다.

6 얼굴에 눈을 달고 공예용 와이어로 안경을 만들어 씌운다.

7 솔을 목에 둘러 묶어 준다.

---

1 얼굴 살색

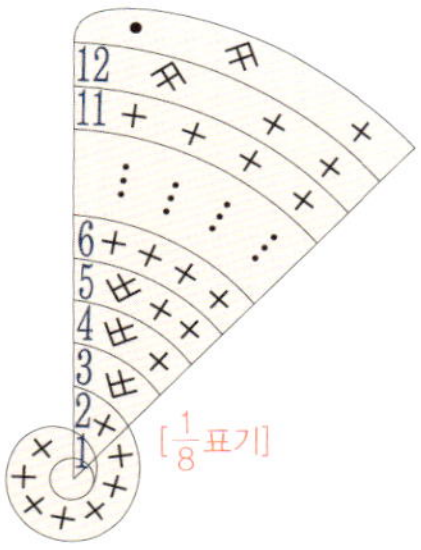

단수	콧수
1단	8코
2단	16코
3단	24코
4단	32코
⋮	⋮
10단	32코
11단	24코
12단	16코

[⅛ 표기]

2 머리카락① 2개 회색

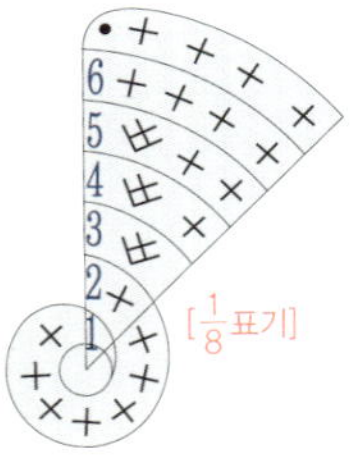

단수	콧수
1단	8코
2단	16코
3단	24코
4단	32코
5단	32코
6단	32코

[⅛ 표기]

3 머리카락② 회색

단수	콧수
1단	8코
2단	16코
3단	16코
4단	16코

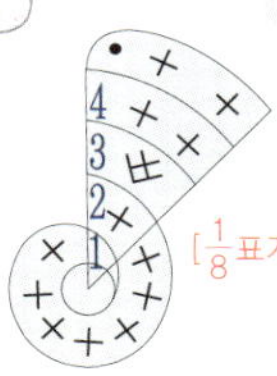

[⅛ 표기]

머리카락

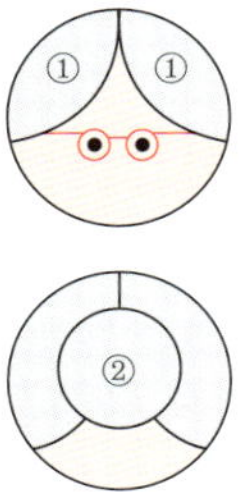

4 몸

단수	콧수
1단	8코
2단	16코
3단	24코
4단	32코
5단	40코
⋮	⋮
9단	40코
10단	32코
11단	32코
12단	32코
13단	32코
14단	24코
15단	24코
16단	24코
17단	16코
18단	16코

속바지 흰색
상의 연분홍색

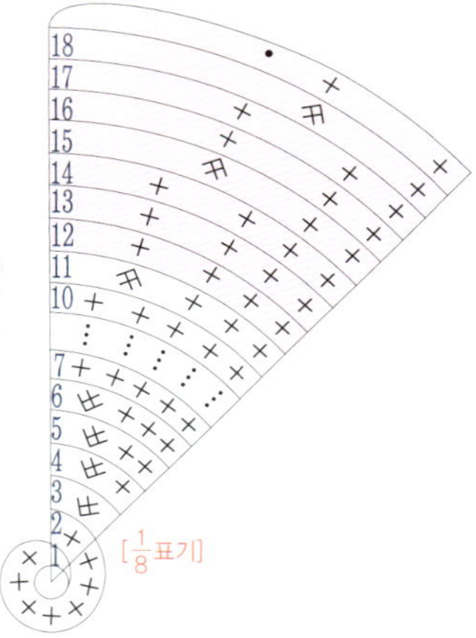

[⅛ 표기]

치마 연분홍색

속바지 10단(32코)에서 코를 걸고 아래쪽으로 코를 늘려 44코(++⋎)를 뜬 후 짧은뜨기 12단을 뜨고 13단에서 백짧은뜨기한다.

솔 흰색(앙고라)

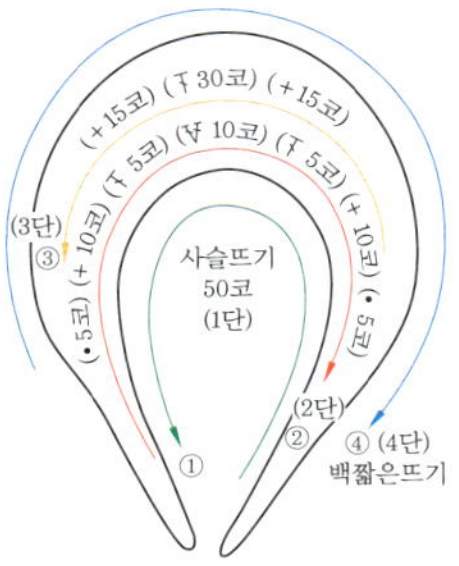

① 1단 : 사슬뜨기 50코

② 2단 :
5코(·) 10코(+) 5코(下) 10코(Ⅴ) 5코(下) 10코(+) 5코(·)

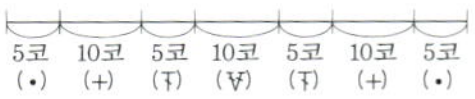

③ 3단 :
15코(+) 30코(下) 15코(+)

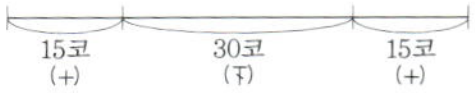

④ 4단 : 백짧은뜨기 60코

5 팔 2개

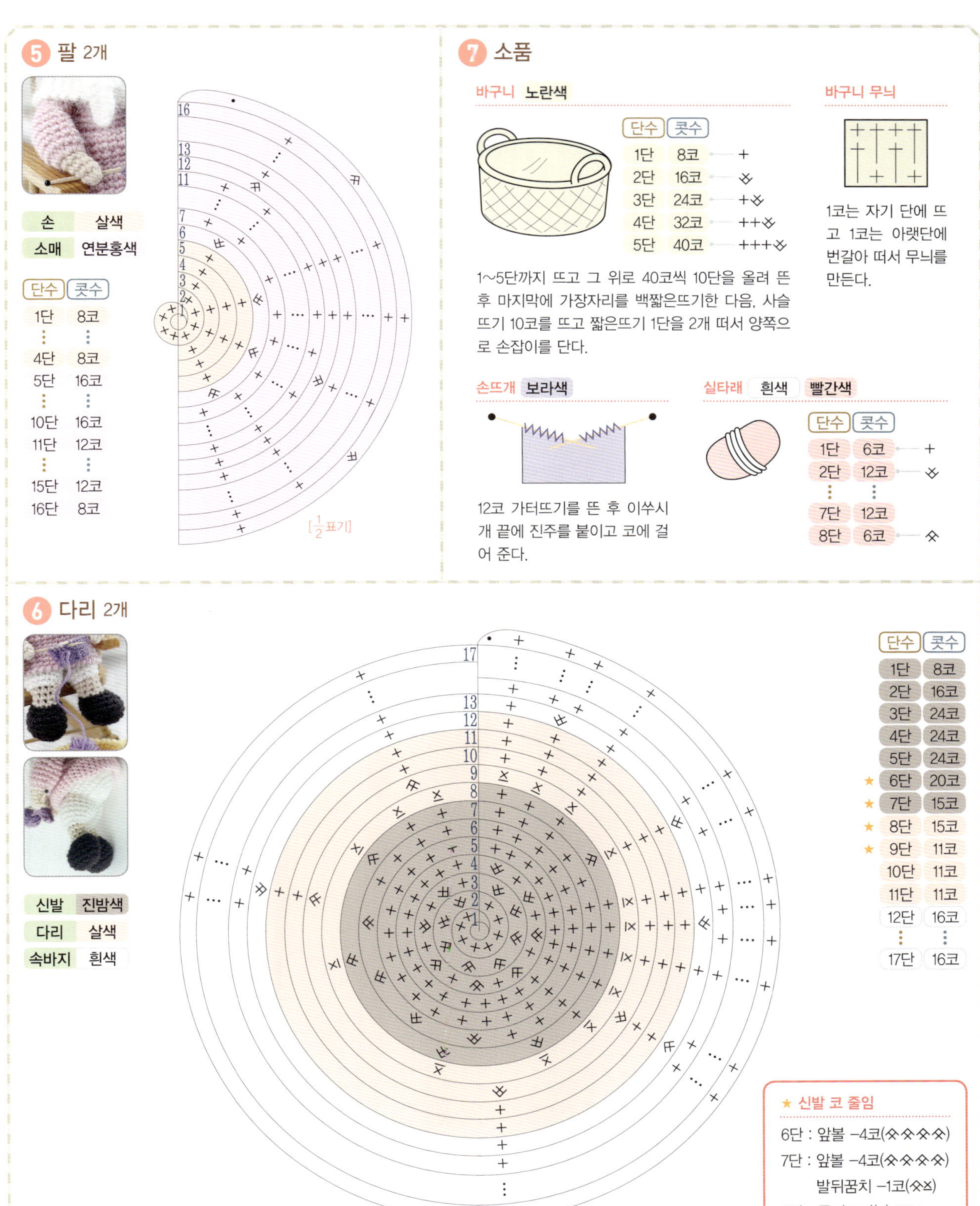

손	살색
소매	연분홍색

단수	콧수
1단	8코
⋮	⋮
4단	8코
5단	16코
⋮	⋮
10단	16코
11단	12코
⋮	⋮
15단	12코
16단	8코

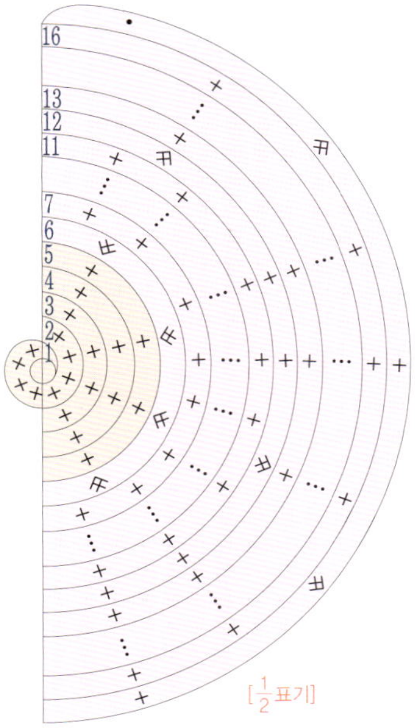

7 소품

바구니 노란색

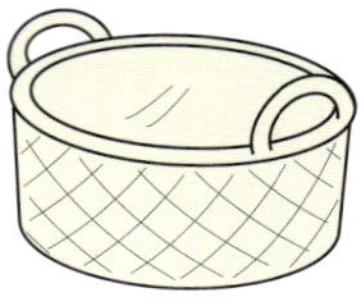

단수	콧수	
1단	8코	+
2단	16코	⋎
3단	24코	+⋎
4단	32코	++⋎
5단	40코	+++⋎

1~5단까지 뜨고 그 위로 40코씩 10단을 올려 뜬 후 마지막에 가장자리를 백짧은뜨기한 다음, 사슬뜨기 10코를 뜨고 짧은뜨기 1단을 2개 떠서 양쪽으로 손잡이를 단다.

바구니 무늬

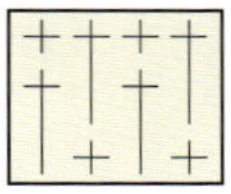

1코는 자기 단에 뜨고 1코는 아랫단에 번갈아 떠서 무늬를 만든다.

손뜨개 보라색

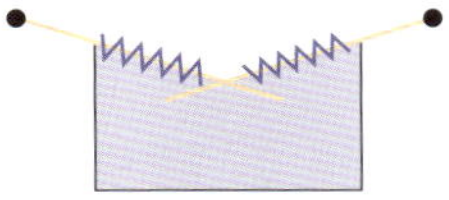

12코 가터뜨기를 뜬 후 이쑤시개 끝에 진주를 붙이고 코에 걸어 준다.

실타래 흰색 빨간색

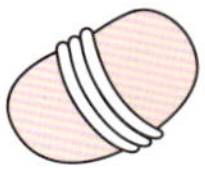

단수	콧수	
1단	6코	+
2단	12코	⋎
⋮	⋮	
7단	12코	
8단	6코	⋏

6 다리 2개

신발	진밤색
다리	살색
속바지	흰색

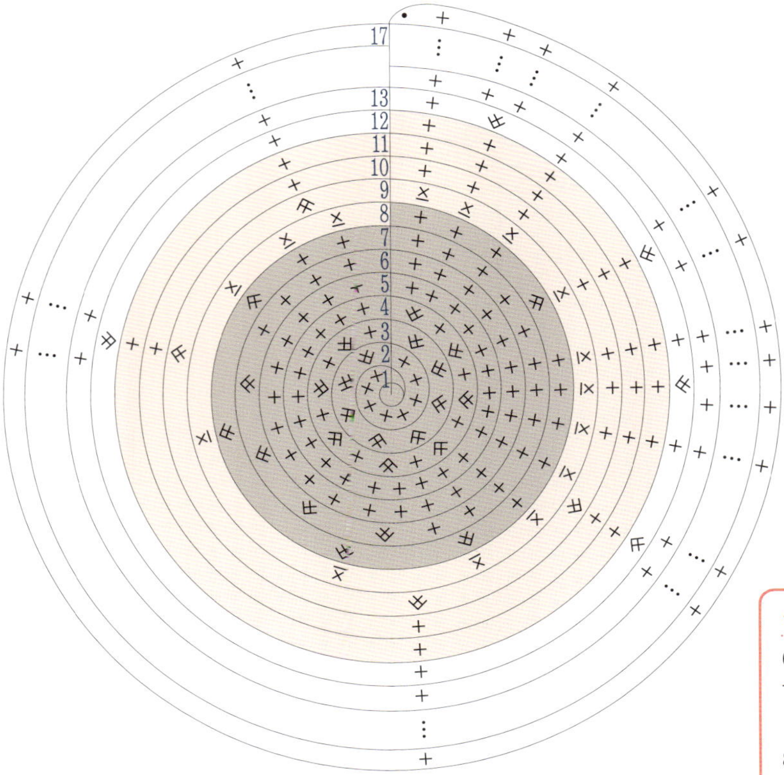

단수	콧수
1단	8코
2단	16코
3단	24코
4단	24코
5단	24코
★ 6단	20코
★ 7단	15코
★ 8단	15코
★ 9단	11코
10단	11코
11단	11코
12단	16코
⋮	⋮
17단	16코

★ 신발 코 줄임

6단 : 앞볼 –4코(⋏⋏⋏⋏)

7단 : 앞볼 –4코(⋏⋏⋏⋏)

발뒤꿈치 –1코(⋏×)

8단 : 줄기뜨기(×) 15코

9단 : 발등 –4코(⋏⋏⋏⋏)

아주머니

소요 시간 **3시간**

크기 **18cm**

재료　도구　코바늘 3호, 돗바늘

실　살색, 노란색, 흰색, 검은색, 빨간색, 진팥색

부재료　4mm 콩단추 2개, 몰, 솜

만들기

❶ 뜨개 도안대로 얼굴, 머리카락, 몸, 팔, 다리, 모자 등을 뜬다.

❷ 얼굴에 솜을 채워 넣고 머리를 만든다.

❸ 몸에 코를 걸어 치마와 앞치마, 옷깃을 뜨고 솜을 채워 넣은 후 머리와 몸의 목 부분을 감침질 하여 연결한다.

❹ 다리에 솜을 채우고 몸에 감침질하여 연결한다.

❺ 팔에 코를 걸어 소맷부리를 뜨고 몰을 넣은 후 입구를 반 접어 감치고 몸에 감침질하여 연결 한다.

❻ 어깨끈을 ×자로 둘러 허리 뒷쪽에 연결하고 허리 위로 허리끈을 둘러 리본을 묶는다.

❼ 얼굴에 눈을 달고 입을 스티치로 표현한다.

❽ 머리에 머리카락을 달고 모자를 씌운다.

---

❶ 얼굴　살색

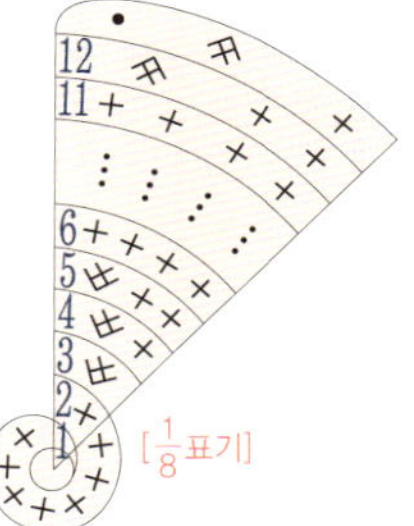

단수	콧수
1단	8코
2단	16코
3단	24코
4단	32코
⋮	⋮
10단	32코
11단	24코
12단	16코

얼굴	살색
입(스티치)	빨간색

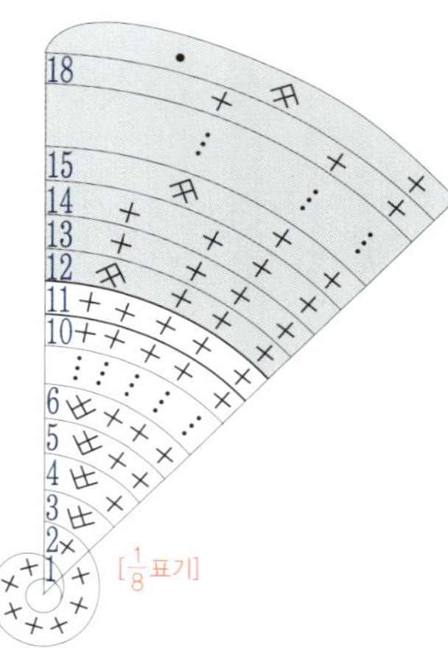

$[\frac{1}{8}표기]$

❷ 머리카락 3개　노란색　진팥색

노란색 실로 사슬뜨기 5코를 뜬 후 짧은뜨기 1단을 떠서 진팥색 실로 돌돌 감아 준다.

❸ 몸

속바지	흰색
허리	흰색
상의	검은색

$[\frac{1}{8}표기]$

단수	콧수
1단	8코
2단	16코
3단	24코
4단	32코
5단	40코
⋮	⋮
9단	40코
10단	40코
11단	32코
12단	32코
13단	32코
14단	24코
⋮	⋮
17단	24코
18단	16코

치마　검은색

속바지　8단(40코)에서 코를 걸어 52코(++⊗) 를 뜨고 짧은뜨기 52코 12단을 뜬 후에 백짧은 뜨기로 마무리한다.

옷깃　흰색

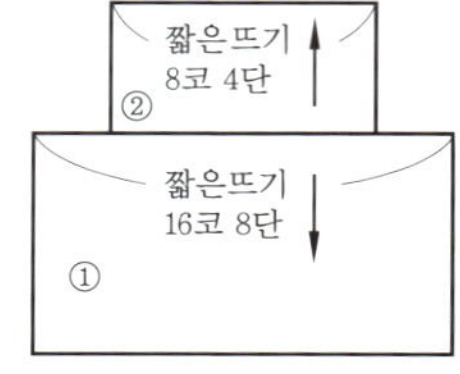

상의 18단에 코를 걸어 뜬다.

앞치마　흰색

① 속바지 9단에서 코를 걸어 아 래쪽으로 16코 짧은뜨기 8단을 뜬다.

② 허리 10단에서 코를 걸어 위쪽 으로 8코 짧은뜨기 4단을 뜬다.

③ ①과 ②의 가장자리를 백짧은뜨 기한다.

앞치마 허리끈　흰색

사슬뜨기 80코 짧은뜨기 1단을 뜬다.

앞치마 어깨끈　흰색

사슬뜨기 15코 2줄을 뜬다.

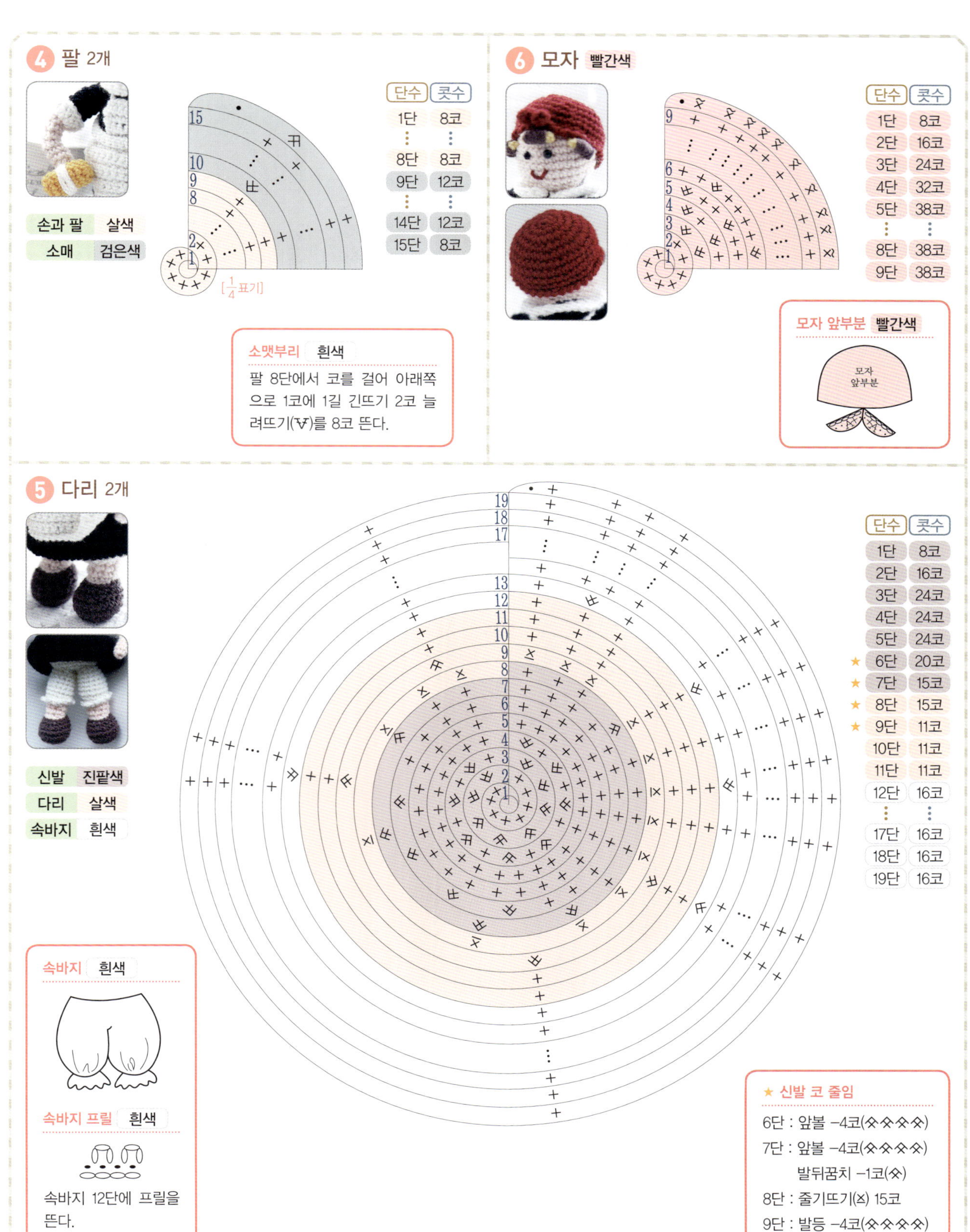

④ 팔 2개

손과 팔   살색
소매   검은색

15
10
9
8
2
1

[¼ 표기]

단수 콧수
1단 8코
8단 8코
9단 12코
14단 12코
15단 8코

소맷부리   흰색
팔 8단에서 코를 걸어 아래쪽
으로 1코에 1길 긴뜨기 2코 늘
려뜨기(V)를 8코 뜬다.

⑥ 모자   빨간색

9
6
5
4
3
2
1

단수 콧수
1단 8코
2단 16코
3단 24코
4단 32코
5단 38코
8단 38코
9단 38코

모자 앞부분   빨간색
모자
앞부분

⑤ 다리 2개

신발   진팥색
다리   살색
속바지   흰색

19
18
17
13
12
11
10
9
8
7
6
5
4
3
2
1

단수 콧수
1단 8코
2단 16코
3단 24코
4단 24코
5단 24코
★ 6단 20코
★ 7단 15코
★ 8단 15코
★ 9단 11코
10단 11코
11단 11코
12단 16코
17단 16코
18단 16코
19단 16코

속바지   흰색

속바지 프릴   흰색

속바지 12단에 프릴을
뜬다.

★ 신발 코 줄임
6단 : 앞볼 −4코(⚹⚹⚹⚹)
7단 : 앞볼 −4코(⚹⚹⚹⚹)
       발뒤꿈치 −1코(⚹)
8단 : 줄기뜨기(X) 15코
9단 : 발등 −4코(⚹⚹⚹⚹)

산타와 사슴
산타 할아버지와 루돌프 사슴은
누구에게 선물을 주러
가는 걸까요?

소요 시간 4시간
크기 18.5cm

	도구 코바늘 3호, 돗바늘
	실 살색, 흰색, 빨간색, 검은색, 노란색, 커피색, 흰색(앙고라)
	부재료 4mm 콩단추 2개, 흰색 진주 2개, 15mm 밍크 방울 1개, 공예용 와이어, 솜, 몰

❶ 뜨개 도안대로 얼굴, 귀, 몸, 팔, 다리, 모자 등을 뜬다.

❷ 얼굴에 솜을 채워 넣고 머리를 만든다.

❸ 몸에 코를 걸어 옷자락과 옷깃을 뜨고 솜을 채워 넣은 후 머리와 몸의 목 부분을 감침질하여 연결한다.

❹ 다리에 솜을 채우고 몸에 감침질하여 단다.

❺ 팔에 코를 걸어 소맷부리를 뜨고 몰을 넣은 후 입구를 반 접어 감치고 몸에 감침질하여 연결한다.

❻ 허리 벨트에 버클을 단다.

❼ 귀를 반 접어 감친 후 얼굴 양옆에 감침질하여 단다(귀에는 솜을 넣지 않는다).

❽ 얼굴에 눈을 달고 눈썹과 수염을 표현한 후 공예용 와이어로 안경을 만들어 씌운다.

❾ 상의에 진주를 달고 신발에 끈을 끼운 후 모자를 씌운다.

❶ 얼굴 살색

단수	콧수
1단	8코
2단	16코
3단	24코
4단	32코
⋮	⋮
10단	32코
11단	24코
12단	16코

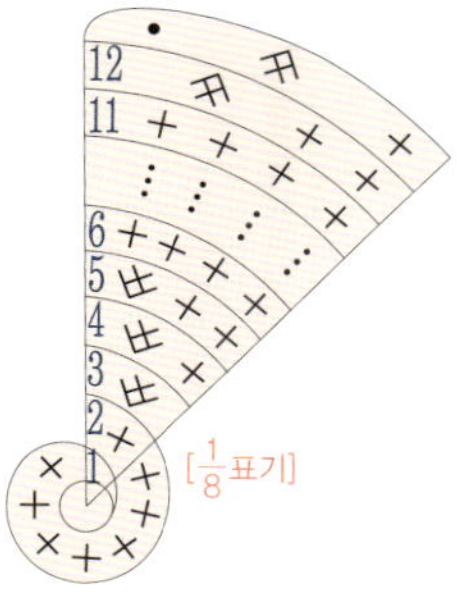

[⅛ 표기]

수염과 눈썹 흰색

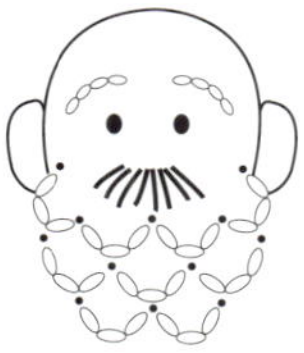

눈썹 : 짧은뜨기 4코를 뜬다.
콧수염 : 실 4가닥을 코 자리에 1코 걸어 길이를 가다듬는다.

❷ 귀 2개 살색

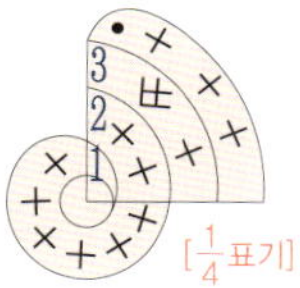

단수	콧수
1단	8코
2단	12코
3단	12코

[¼ 표기]

❸ 몸

단수	콧수
1단	8코
2단	16코
3단	24코
4단	32코
5단	40코
⋮	⋮
8단	40코
9단	48코
10단	48코
11단	48코
12단	48코
13단	48코
14단	48코
15단	40코
16단	40코
17단	32코
18단	32코
19단	24코
20단	24코
21단	16코

바지 빨간색
벨트 검은색
상의 빨간색

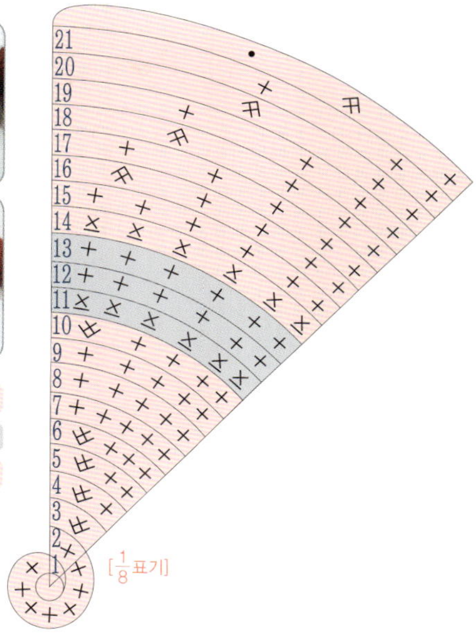

[⅛ 표기]

옷자락 빨간색 흰색(앙고라)

벨트 10단에 코를 걸어 아래쪽으로 47코 짧은뜨기 4단을 뜨고 5단째에 흰색 실로 바꿔 1길 긴뜨기 앞걸어뜨기(⑤)를 뜬다.

옷깃 흰색(앙고라)

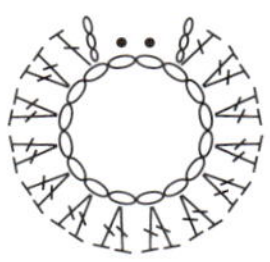

상의 21단에 코를 걸어 뜬다.

벨트 버클 노란색

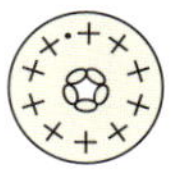

사슬뜨기 5코를 원으로 잡아 그 안에 짧은뜨기를 10코 뜬다.

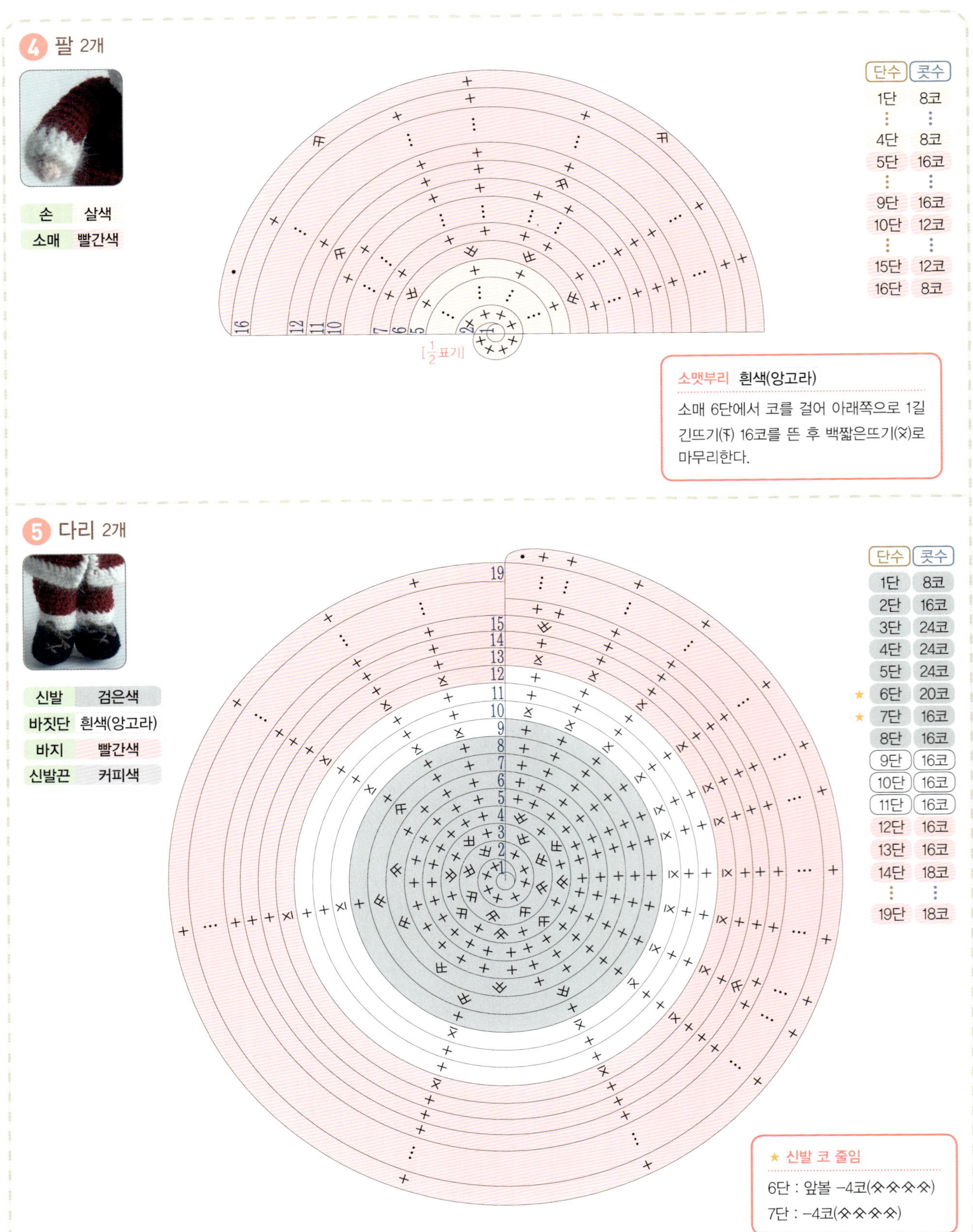

소맷부리 흰색(앙고라)

소매 6단에서 코를 걸어 아래쪽으로 1길
긴뜨기(∓) 16코를 뜬 후 백짧은뜨기(✕)로
마무리한다.

⑤ 다리 2개

★ 신발 코 줄임

6단 : 앞볼 −4코(✧✧✧✧)

7단 : −4코(✧✧✧✧)

⑥ 산타 모자

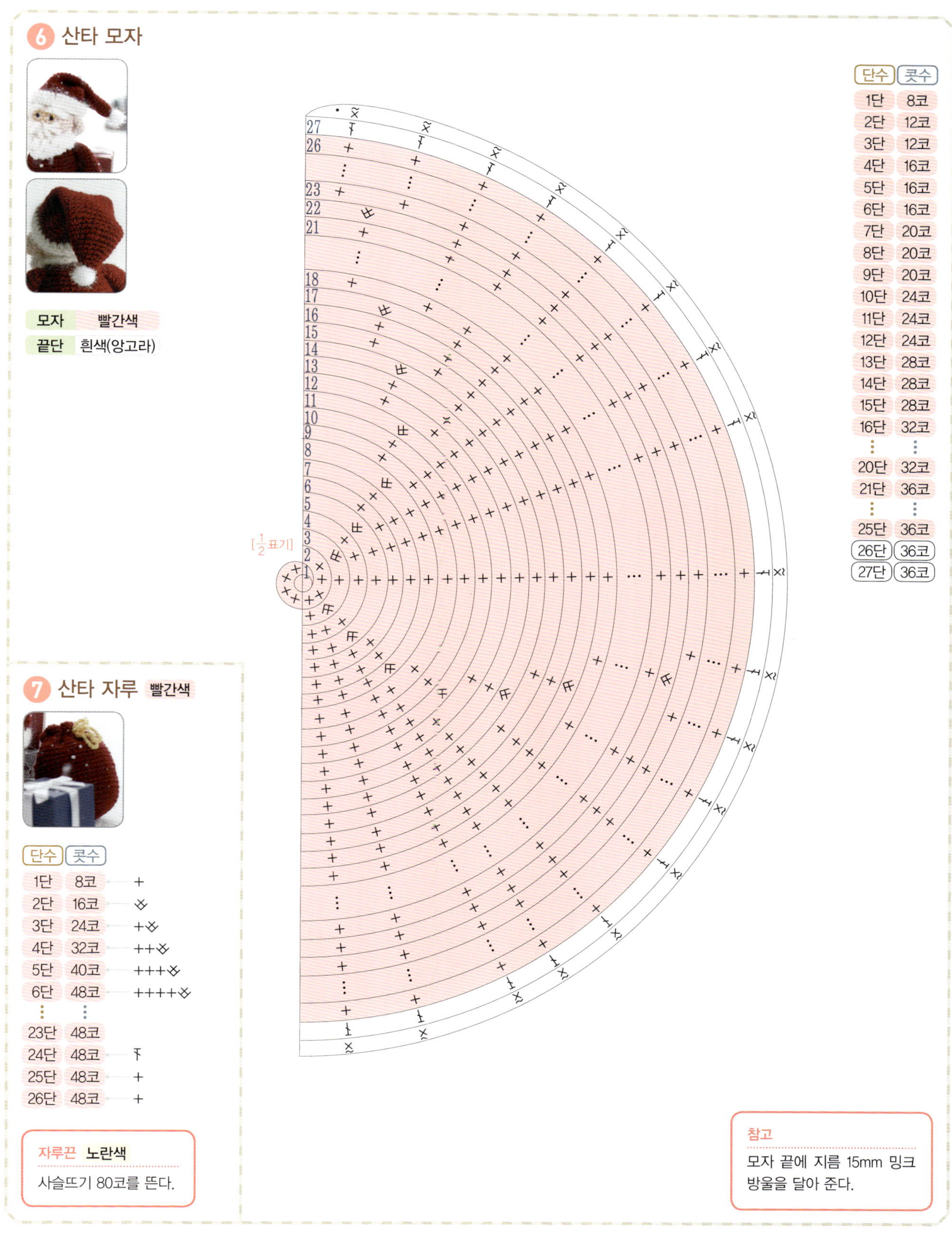

모자	빨간색
끝단	흰색(앙고라)

$[\frac{1}{2}표기]$

단수	콧수
1단	8코
2단	12코
3단	12코
4단	16코
5단	16코
6단	16코
7단	20코
8단	20코
9단	20코
10단	24코
11단	24코
12단	24코
13단	28코
14단	28코
15단	28코
16단	32코
⋮	⋮
20단	32코
21단	36코
⋮	⋮
25단	36코
26단	36코
27단	36코

⑦ 산타 자루 빨간색

단수	콧수	
1단	8코	+
2단	16코	⊗
3단	24코	+⊗
4단	32코	++⊗
5단	40코	+++⊗
6단	48코	++++⊗
⋮	⋮	
23단	48코	
24단	48코	ꓔ
25단	48코	+
26단	48코	+

자루끈 노란색
사슬뜨기 80코를 뜬다.

참고
모자 끝에 지름 15mm 밍크
방울을 달아 준다.

사슴

소요 시간 **3시간**
크기 **19.5cm**

재료

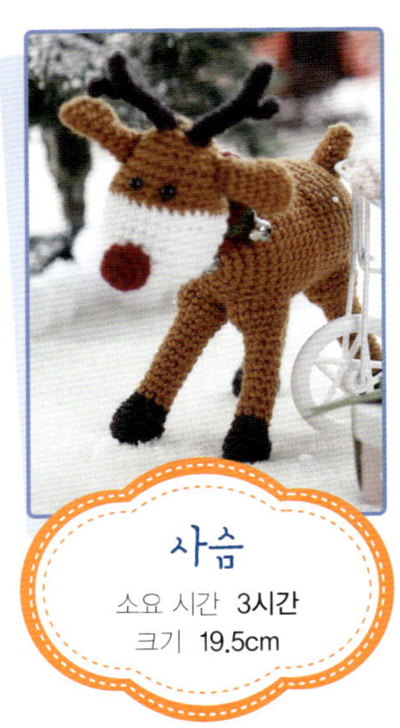

도구 코바늘 3호, 돗바늘
실 흰색, 밤색, 진밤색, 빨간색, 녹색
부재료 4mm 콩단추 2개, 10mm 방울 3개, 몰, 솜

만들기

1. 뜨개 도안대로 얼굴, 귀, 뿔, 코, 몸, 목, 다리, 꼬리 등을 뜬다.
2. 귀를 제외한 모든 부분에 솜을 채우고 감침질한다(몸 2장은 창구멍을 남겨 두고 감침질한 후 솜을 채워 넣고 나머지를 감침질한다).
3. 몸에 목을 감침질하여 연결하고 목 끝부분에 머리를 감침질하여 연결한다.
4. 몸 아래쪽에 다리 4개를 감침질하여 연결한다.
5. 엉덩이 중앙부에 꼬리를 감침질하여 단다.
6. 귀는 반 접어 입구를 감친 후 다시 반 접어 머리 양쪽 자리에 감쳐 단다.
7. 귀와 귀 사이에 뿔을 달아 준다.
8. 얼굴에 눈과 코를 달아 준다.
9. 목걸이에 방울을 달아 목에 달아 준다.

1 얼굴 흰색 밤색

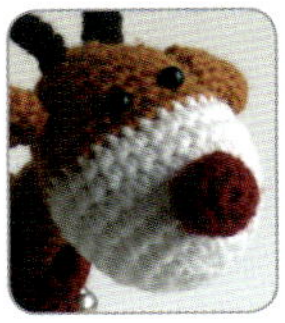

단수	콧수
1단	8코
2단	16코
3단	24코
4단	32코
⋮	⋮
8단	32코
9단	32코
10단	24코
⋮	⋮
13단	24코
14단	16코
15단	16코
16단	8코

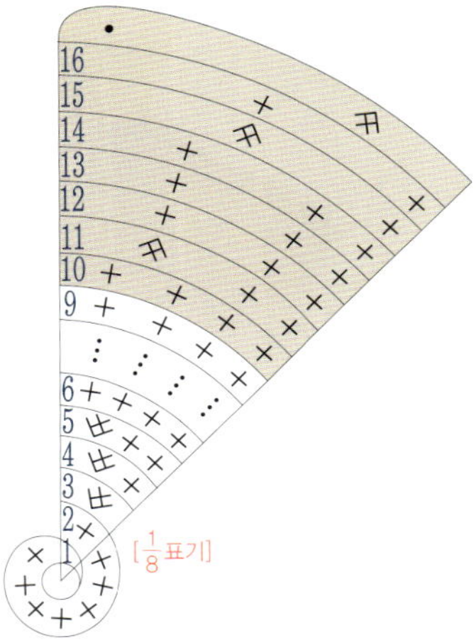
[1/8 표기]

2 귀 2개 밤색

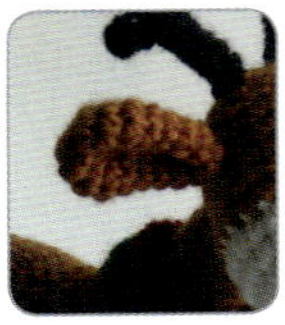

단수	콧수
1단	8코
2단	16코
3단	16코
4단	16코
5단	12코
⋮	⋮
8단	12코

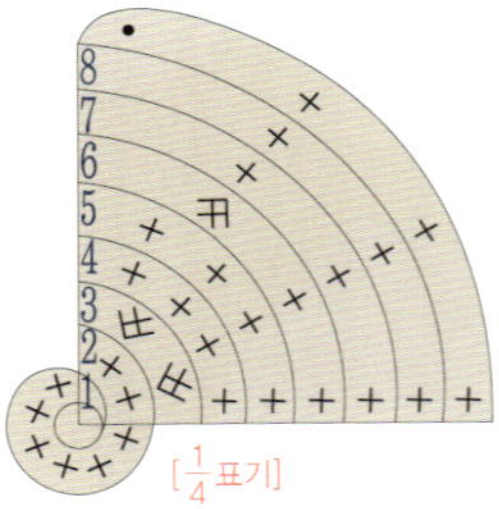
[1/4 표기]

3 뿔① 2개 진밤색

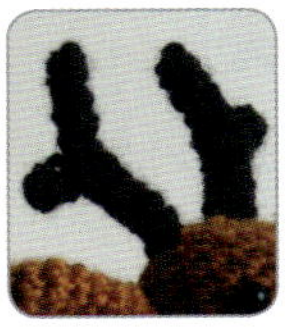

단수	콧수
1단	5코
⋮	⋮
10단	5코

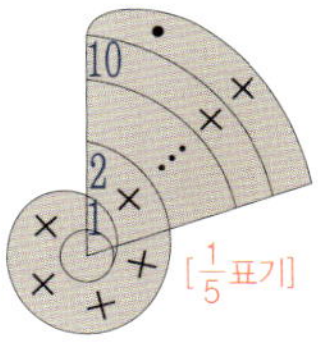
[1/5 표기]

4 뿔② 2개 진밤색

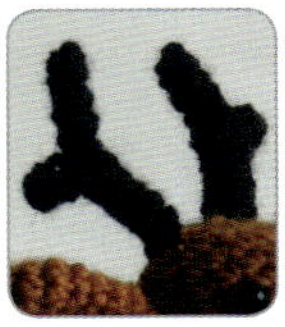

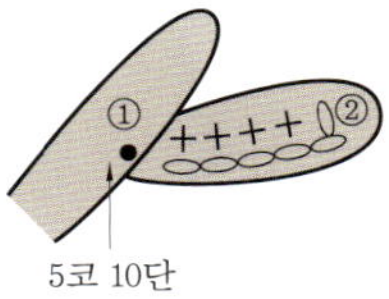
5코 10단

5 코 빨간색

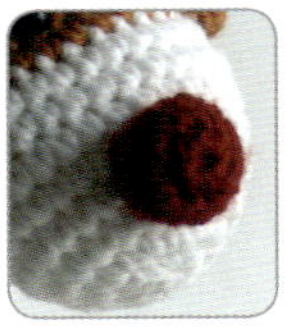

단수	콧수
1단	8코
2단	16코
3단	16코
4단	12코

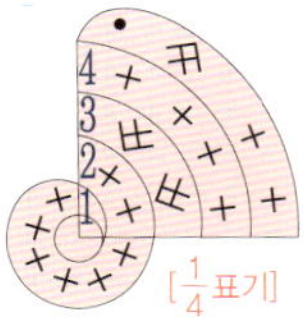
[1/4 표기]

 **6 몸** 2개 밤색

단수	콧수
1단	8코
2단	16코
3단	24코
4단	32코
⋮	⋮
12단	32코

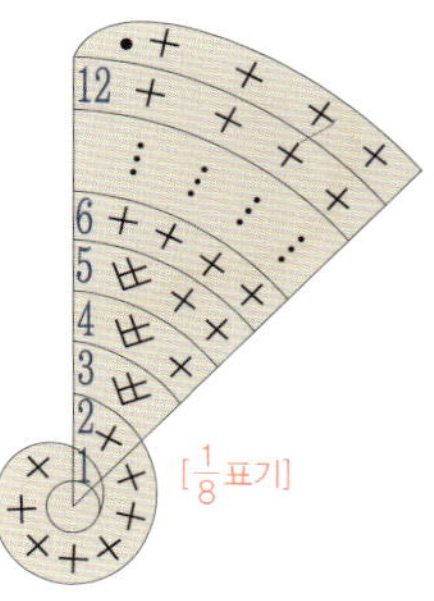

 **7 다리** 4개

발굽 진밤색
다리 밤색

단수	콧수
1단	7코
2단	14코
3단	14코
4단	14코
5단	11코
⋮	⋮
16단	11코
17단	16코
18단	16코
19단	16코

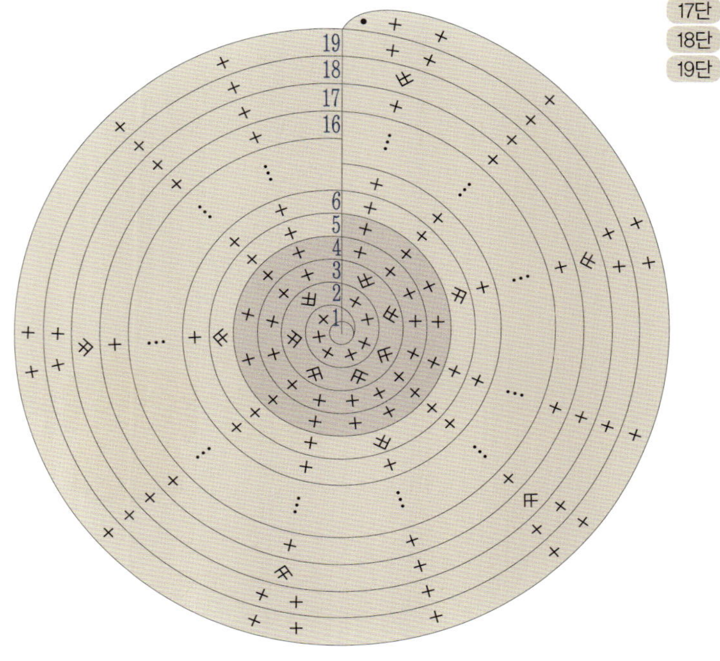

 **8 목** 밤색

단수	콧수
1단	12코
⋮	⋮
8단	12코
9단	16코
10단	16코

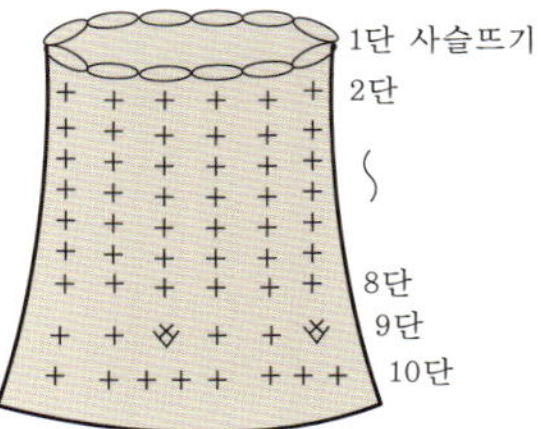

 **9 꼬리** 밤색

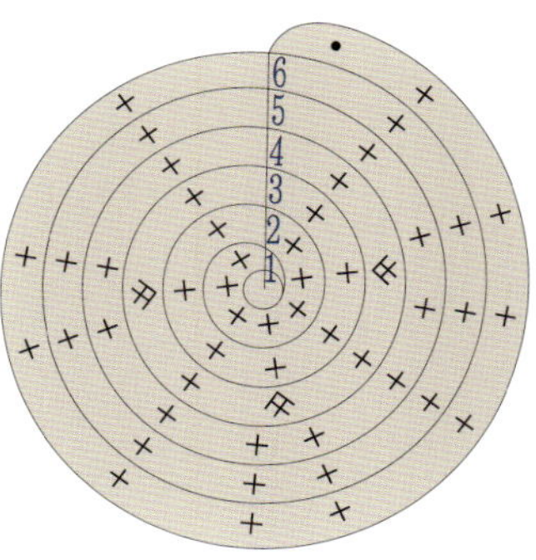

단수	콧수
1단	7코
2단	7코
3단	10코
⋮	⋮
6단	10코

목걸이 녹색 빨간색

녹색 실로 사슬뜨기 33코를 떠서 짧은뜨기 2단을 뜬 후 빨간색 실로 둘레를 백짧은뜨기한다.

손뜨개 인형들이 만들어가는 스토리텔링

인형 손뜨개

2015년 1월 10일 인쇄
2015년 1월 15일 발행

저자 : 석은경
펴낸이 : 남상호

펴낸곳 : 도서출판 예신
www.yesin.co.kr

140-896 서울시 용산구 효창원로 64길 6
대표전화 : 704-4233, 팩스 : 335-1986
등록번호 : 제3-01365호(2002.4.18)

값 12,000원

ISBN : 978-89-5649-116-5